Der

Verwaltungs-Ingenieur

❑❑❑
❑

Eine Sammlung von Aufsätzen

von

W. FRANZ
Professor an der Techn. Hochschule Berlin

München und Berlin
Druck und Verlag von R. Oldenbourg
1908

Inhalts-Übersicht.

**

Ich habe mich des öfteren mit der Frage beschäftigt,
ob es in unserem Vaterlande wohl möglich wäre, dem
Nachwuchse der höheren Verwaltung eine bessere wissenschaftliche Vorbildung zu geben — ob man den jetzigen
e i n s e i t i g an die Juristenschule gebundenen Hochschulunterricht der wichtigsten Beamten wieder lebensfrischer
gestalten könnte.

Die Antwort war nicht schwer; man muß nur verstehen, von den Bildungsmöglichkeiten der neuen Zeit
auch für die höhere Verwaltung Vorteil zu gewinnen.

Die Interessen einer Nation vertreten, ein Volk
regieren, die obersten Ämter der staatlichen (kommunalen
und privatwirtschaftlichen) Verwaltungen zu leiten — das
verlangt die höchsten Fähigkeiten. Für den Beruf der
höheren Verwaltung müssen wir deshalb die „Tüchtigsten"
aussuchen und diesen eine umfassende Berufsbildung ermöglichen. Das kann man aber nicht, wenn die Auswahl
wie bisher auf einen kleinen Kreis beschränkt bleibt und
wenn zudem e i n e r Wissensrichtung und e i n e r Hochschule die Monopolstellung erhalten wird.

Franz, Der Verwaltungsingenieur.   1

Die höhere Verwaltung verlangt eine universelle Bildung. Deshalb muß grundsätzlich das Studium aller Hochschulen als wissenschaftliche Vorbereitung anerkannt werden, sobald der Kandidat nachweist, daß er ein bestimmtes Maß von erforderlichen Kenntnissen erlangt hat. Denn nur so kann die Auslese ergiebiger und das Gesamtwissen des Nachwuchses umfassender gestaltet werden.

Als besonders dringlich halte ich die Zuführung technisch-wirtschaftlicher Intelligenz. Ich schlage vor, die bestehenden Bestimmungen — wonach zurzeit nur derjenige Akademiker in der Laufbahn der höheren Verwaltung zugelassen wird, der die erste juristische Prüfung bestanden hat — dahin zu ergänzen, daß auch solche Kandidaten zugelassen werden, welche 8 Semester auf einer Technischen Hochschule studiert haben und während dieses in technischem Geiste gehaltenen Studiums rechts- und staatswissenschaftliche Kenntnisse **in weiterem Umfange** erworben haben.

Damit würde zunächst einmal erreicht werden, daß der auf Jahrzehnte hinaus noch ausschließlich von juristischer Intelligenz beherrschte große Beamtenkörper in seinem Inneren neue Gesichtspunkte gewinnen würde und daß unter seinen eigenen Gliedern das Verständnis für das gewaltige Gebiet geweckt würde, das die technischen Wissenschaften erfüllt haben.

Die aus der neuen Schule kommenden Mitglieder würden natürlich **Verwaltungsbeamte, nicht etwa Ingenieure,** werden; sie würden aber doch Träger des technischen und wirtschaftlichen Geistes bleiben. Und der fehlt gerade unserer höheren Verwaltung. In der Möglichkeit, bei der Annahme des Nachwuchses solche Verwaltungsingenieure neben den Verwaltungsjuristen immer in der Minderheit zu belassen, ist die Sicherheit gegeben, daß der Plan mit aller Vorsicht durchgeführt werden kann.

Um jede Sorge zu beheben, es könnte dabei ein Fehl-
griff geschehen, sollte seitens der Regierungen zunächst
nur einmal die Erlaubnis erteilt werden, daß vorsichtig
ausgesuchte Verwaltungsingenieure zu einer etwa ein
bis zwei Jahre dauernden Beschäftigung bei den staatlichen Verwaltungsstellen o h n e A n w a r t s c h a f t zugelassen werden. Eine solche Beschäftigung wird schon
hier und da die Fähigkeiten der auf den Technischen
Hochschulen heranwachsenden Generation zur Erscheinung
bringen; sie wird aber noch besonders wertvoll werden
im Hinblick auf die Verwendung von Verwaltungsingenieuren im Dienste der Kommunalverbände und der wirtschaftlichen Körperschaften. Die Verwaltung der deutschen
Städte hat ebenso wie die staatliche Verwaltung die technische Intelligenz dringend nötig. Um sich für die Eigenart dieser Verwaltungen vorzubereiten, ist die Einführung
in die Praxis der Staatsverwaltung besonders wichtig. Die
Städte werden mehr geneigt sein, Verwaltungsingenieure
in ihre leitenden Verwaltungsstellen zu berufen, wenn die
jungen Beamten auch Einblick in die staatliche Organisation gewonnen haben.

Eine Beschäftigung in den Stellen der allgemeinen
Landesverwaltung wird aber weiter in Hinsicht auf eine
spätere Tätigkeit in den Verwaltungen der wirtschaftlichen
Verbände und der Industriewerke von großem Nutzen
sein. Sie ist als eine Vorbereitung des jungen Ingenieurs
zu betrachten, der in der Leitung dieser Werke seinen
Beruf suchen will. Auch die Industrie braucht neben den
Juristen V e r w a l t u n g s beamte, die in technischem Geiste
erzogen sind.

Meine gelegentlichen Darlegungen zu diesem Thema
habe ich hier nochmals zusammengestellt, um sie einem
größeren Leserkreise zu unterbreiten. Für die Kritik will
ich einzelne Sätze hervorheben:

1. Die akademisch-wissenschaftliche Vorbildung des
Nachwuchses unserer höheren Verwaltungsbeamten
ist seit langem mangelhaft geworden.

2. Der Mangel ist dadurch verursacht, daß die wissenschaftliche Vorbereitung für die Berufsaufgaben der
höheren Verwaltung während des Hochschulstudiums
mit der Vorbildung der zukünftigen Richter und
Rechtsanwälte derart verkettet ist, daß der g r ö ß t e
Teil der (zu kurzen) Studienzeit auf die Jurisprudenz
verwendet werden muß und daher für andere
wichtige Unterrichtsgebiete keine Zeit verbleibt.

3. Die Jurisprudenz ist n i c h t die Wissenschaft der
Verwaltung. Man kann die Gesamtheit der Beamtenschaft nicht in der Weise wissenschaftlich schulen,
daß man ihnen s ä m t l i c h das juristische Berufsstudium als Hochschulstudium vorschreibt. Das
juristische Berufsstudium (das durch die erste
juristische Prüfung abgeschlossen wird) ist in erster
Linie für zukünftige Juristen — für Richter, Staatsund Rechtsanwälte bestimmt.

4. Die Berufsaufgaben der höheren Verwaltung sind
w e s e n t l i c h verschieden von demjenigen der
Rechtspflege; es ist deshalb ein Widerspruch in
sich, wenn ein und dasselbe Berufsstudium (durch
ein und dieselbe Prüfung abgeschlossen) als das
H o c h s c h u l s t u d i u m für z w e i v e r s c h i e d e n e
Berufe bezeichnet und gesetzlich festgelegt wird.

5. Die wissenschaftliche Schulung der Verwaltungsbeamten der neuen Zeit erfordert — neben juristischen Disziplinen und neben den übrigen sog.
Geisteswissenschaften — die eingehende Pflege
der Naturwissenschaften und der auf Naturerkenntnis und wirtschaftlicher Einsicht stehenden Technik.

6. Bei der Eigenart der deutschen Hochschulen läßt
sich der erforderliche Unterricht an den Universitäten nur mit erheblichen Mitteln, mit großem Zeitaufwand und unter sonstigen mannigfachen Schwierigkeiten (wieder) einführen. Die Möglichkeit besteht
aber, und ein Versuch ist anzuraten; er setzt voraus,
daß ein umfassendes kameralistisch - technisch

wirtschaftliches Studium von dem juristischen Studium abgetrennt wird.

7. Sicherer und schneller und o h n e j e d e n A u f - w a n d a n S t a a t s m i t t e l n wäre das für eine glückliche Entwicklung unseres Vaterlandes dringend nötige Berufsstudium an den Technischen Hochschulen einzurichten.

8. Es gehört zu der Mission der Technischen Hochschulen — die vor kurzem ergänzend und gleichberechtigt neben die Universität getreten sind — mitzuwirken an der Erziehung unserer Führerschaft.

9. Die Befähigung für den höheren Verwaltungsdienst ist ein Produkt von Begabung, wissenschaftlicher Schulung u n d praktischer Erfahrung; die letztere ist für die Vorbildung wesentlich.

10. Es ist daher eine Forderung sowohl der Gerechtigkeit wie der Staatsklugheit, daß den von der Technischen Hochschule kommenden Akademikern die staatlichen Stellen zu praktischer Übung in den Geschäften der Verwaltung ebenso zugänglich gemacht werden, wie den Gerichtsreferendaren.

11. Es liegt im Standesinteresse der deutschen Techniker, ihre Intelligenz bei der u n m i t t e l b a r e n Leitung der Staatsgeschäfte verwendet zu sehen. — Nicht n u r indirekt als B a u b e a m t e und als Leiter der öffentlichen Arbeiten sondern a u c h als Beamte der höheren Verwaltung, als Landräte, Regierungspräsidenten usw.

12. Weit höher aber als das Standesinteresse der Techniker steht hier das S t a a t s i n t e r e s s e; es verlangt Abkehr von einem veralteten System. Einseitige Vorbildung der Führerschaft lähmt den Fortschritt. Hier hilft nur die Einführung neuer Wissensrichtungen — e i n e n e u e S c h u l e. N e b e n den Verwaltungsjuristen und m i t ihnen — **die Verwaltungsingenieure.**

Über die Befähigung zum höheren Verwaltungsdienst.

Zum dritten Male ist dem Landtag ein Gesetzentwurf zugegangen, der die Mängel in der Vorbildung der höheren Verwaltungsbeamten beseitigen soll. Wird er Gesetz werden? wird mit dem Gesetz das erstrebte Ziel erreicht werden?

Der Entwurf macht die allgemein gültige Voraussetzung, daß die Befähigung zum höheren Verwaltungsdienste durch ein akademisches Studium und in einer darauf folgenden vorwiegend praktischen Vorbereitung erworben werden müsse; er beläßt den ersten Teil in der jetzigen Form und kürzt im zweiten die bisher auf zwei Jahre bemessene Tätigkeit bei Gerichten auf neun Monate unter entsprechender Verlängerung der Vorbereitung bei Verwaltungsbehörden. Es bleibt also im wesentlichen bei der Vorbildung, welche seit einem halben Jahrhundert in beinahe unveränderter Form besteht: dreijähriges Studium der Rechte (abgeschlossen durch die erste juristische Prüfung) und vierjährige Vorbereitung bei Gerichten und Verwaltungsbehörden.

Der Entwurf wird daher auch nicht als ein Reformwerk bezeichnet werden können und will anscheinend nur das jetzt Erreichbare sichern; die Änderung des akademischen Studiums, über die eine Einigung zurzeit unmöglich erscheint, ist verschoben — vielleicht auf lange Zeit. Das wird dem Entwurfe Gegner schaffen und das Gesetz gefährden, das so dringend gefordert wurde. Mit einer geringfügigen Abänderung ließe sich das abwenden. Nur je ein kurzer Zusatz zu den §§ 1, 2, 4 und 5 wird genügen.

§ 1. Die Befähigung zum höheren Verwaltungsdienste wird durch die Ablegung zweier Prüfungen erlangt, denen ein mindestens dreijähriges Studium der Rechte und der Staatswissenschaften auf einer Universität o d e r e i n v i e r - jähriges Studium der Ingenieur- und Staats - wissenschaften an einer Technischen Hoch - schule voranzugehen hat.

§ 2. Die erste Prüfung ist die erste juristische, für deren Ablegung usw., b z w. d i e D i p l o m h a u p t p r ü f u n g für Verwaltungsingenieure.

§ 4. Der Vorbereitungsdienst beginnt mit einer neunmonatigen Beschäftigung als Referendar bei Gerichtsbehörden, b z w. für die Verwaltungsingenieure mit einer einjährigen Tätigkeit in technischen Betrieben.

§ 5. Nach vorschriftsmäßiger Beendigung der vorgenannten Beschäftigung werden die Gerichtsreferendare und die Verwaltungsingenieure von dem Präsidenten derjenigen Regierung, in deren Bezirke sie beschäftigt werden wollen, zu Regierungsreferendaren ernannt.

Weitere Änderungen sind in dem Gesetze nicht erforderlich. Zur Begründung nur einige kurze Hinweise.

Wenn man für die wissenschaftliche Vorbereitung zum Dienste in der höheren Verwaltung keine Ausnahmestellung annehmen will, so muß das akademische Studium — wie bei anderen Berufen — sich auf diejenigen Wissensgebiete erstrecken, welche die Grundlagen für die spätere Berufstätigkeit vermitteln. Dafür ist das Tätigkeitsgebiet maßgebend. Mit seiner Änderung, seiner Erweiterung, müssen alte Disziplinen verlassen, neue hinzugefügt werden. Die Vorbildung muß den veränderten Aufgaben angepaßt

werden. So ist es bei allen Berufen, so muß es auch bei
dem Berufe der Verwaltung sein.

Stellt man den Vergleich an, so ergibt sich, daß die
Verwaltung in der Vorbildung ihres Nachwuchses beinahe
ein halbes Jahrhundert im Rückstand ist. Sie ist den
großen Änderungen im Volksleben der letzten Jahrzehnte
nicht mehr gefolgt; sie hat besonders diejenigen Wissenschaften vernachlässigt, die dem Wirtschaftsleben eine
veränderte Gestalt gegeben haben. Die Ursache ist das
unentwegte Festhalten an der juristischen Vorbildung, die
keine anders geartete Schulung duldet und die dazu
zwingt, den ganzen Nachwuchs vorbeizuführen an Naturerkenntnis und technisch wirtschaftlicher Einsicht. Die
Mängel, die sich hieraus ergeben haben, sind zudem noch
gesteigert worden durch die Verbindung dieser Vorbildung
mit derjenigen für einen zweiten ganz anders gestalteten
Beruf — den Beruf der Rechtspflege. Diese Vereinigung
ist ein schweres Hemmnis der Berufsbildung. Zwei Berufe, die im Laufe der Zeit ganz voneinander abgerückt
sind, die, verschieden in ihren Mitteln und ihren Zielen,
eine grundverschiedene Betätigung verlangen, sind in der
wissenschaftlichen Vorbereitung ihrer Beamten so miteinander verkettet, daß weder für den einen noch für
den anderen eine angemessene Vorbildung möglich ist;
was der eine dringend nötig hat, kann der andere entbehren und umgekehrt.

Das juristische Studium an den Universitäten ist in
erster Linie für die Rechtspflege bestimmt und eingerichtet;
sein Hauptgewicht liegt in der Behandlung von Privatrecht und Strafrecht. Das öffentliche Recht, Verwaltungsrecht und andere für die Verwaltung besonders wichtige
Rechtsgebiete können dabei nicht in weiterem Umfange
behandelt werden. Wird die Verbindung beibehalten (die
Vorlage behauptet ihre Zweckmäßigkeit), so wird auch
die Vorbildung zur Rechtspflege dauernd gehemmt sein;
es muß daher im Interesse der Rechtspflege liegen, ihr
Studium unbekümmert um einen anderen Beruf ausbauen

und im Interesse der Verwaltung, an der altbewährten Vorbildung festhalten zu können. Das letztere ist nur möglich, wenn es gelingt, dem großen Organismus der Verwaltung in einem Teile seiner Glieder anderweitig die wissenschaftlichen Grundlagen neuzeitlicher Aufgaben zu vermitteln.

Hierzu sind die technischen Hochschulen besonders geeignet und eingerichtet. Sie sind die Pflegestätten der angewandten Naturwissenschaften, deren Kenntnis dem Gesamtwissen der Verwaltung ergänzend eingefügt werden muß, um die letztere in den Stand zu setzen, den wichtigsten Vorgängen im Volksleben wieder zu folgen. Die Technischen Hochschulen sind aber auch — das ist von besonderer Bedeutung für die Frage — in der Lage, dasjenige Maß von Kenntnissen aus dem Rechtsgebiete zu vermitteln, das für einen Teil der Verwaltungsbeamten ausreichend sein wird. Denn das muß hier vorausgesetzt werden. Das Recht durchdringt so alle Verhältnisse des Lebens, daß kein Schritt, kein Akt der Verwaltungstätigkeit denkbar ist ohne Beeinflussung durch das Recht.

Es ist aber ein Irrtum, anzunehmen, daß auf allen Gebieten der höheren Verwaltung schwere Rechtsprobleme im Vordergrunde stehen, daß die Lösung aller Aufgaben tiefes Eingehen in Rechtsfragen erforderlich mache; es gibt vielmehr eine große Zahl von neuzeitlichen Verwaltungsaufgaben, für deren Lösung das Rechtsverständnis und die Gesetzeskenntnis eines gebildeten Staatsbürgers ausreicht. Es ist auch nicht erforderlich, daß a l l e Glieder der höheren Verwaltung j u r i s t i s c h g e s c h u l t sind, in juristischer Luft atmen gelernt haben; es genügt auch hier für e i n e n T e i l der Beamten, daß sie mit den wichtigsten Einrichtungen der Rechtspflege bekannt gemacht werden. Dazu ist während der praktischen Vorbereitung Gelegenheit vorhanden.

Der Vorschlag bietet so viele Vorteile, daß eine ernste Erwägung gerechtfertigt erscheint; man muß ihn nur ohne

Vorurteil prüfen und die ganze Frage aus dem Rahmen der Überlieferung abheben.

1. Die jetzt bestehende Vereinigung mit der Rechtspflege (auf die in den Begründungen der Gesetzentwürfe so großes Gewicht gelegt wird) könnte bestehen bleiben. Die richterliche Vorbildung, die doch auch Rücksicht verlangt, könnte zugleich freier gestaltet werden, da den besonderen Forderungen der Verwaltung auf anderem Wege Rechnung getragen wird. Es wäre sogar möglich, die ganze juristische Vorbildung für einen Teil der Beamten unverkürzt zu belassen, d. h. wieder wie früher die Assessoren der Justiz mit abgeschlossener Vorbildung in die Verwaltung zu übernehmen.

2. Die Technischen Hochschulen haben seit einigen Jahren den Forderungen des Ingenieurberufs (Ingenieur im weitesten Sinne des Wortes) folgend, die Unterrichtsfächer des Rechts, der Volkswirtschaftslehre und der Finanzwissenschaften in ihr Programm aufgenommen. An der Hochschule Berlin wird z. B. im laufenden Studienjahre gelesen: Grundlagen der Rechts- und Verwaltungskunde, Handels-, Gewerbe-, Patent- und Baurecht, Allgemeine Volkswirtschaftslehre, Volkswirtschaftspolitik, Finanzwissenschaft, Bank-, Börsen- und Handelsgeschäfte (mit den Vorlesungen sind Übungen verbunden). Hier wird auch seit einigen Jahren (nach einer Zwischenprüfung) eine Prüfung für Verwaltungsingenieure abgenommen, die nach einjähriger Tätigkeit in einem technischen Betriebe und darauffolgendem vierjährigen Studium neben der Ingenieurbildung den Nachweis zu erbringen hat von Kenntnissen aus der Allgemeinen Rechts- und Verwaltungskunde, der Volkswirtschaftslehre, den Finanzwissenschaften, einzelnen Sondergebieten der Gesetzgebung (auch Sprachkenntnisse werden verlangt). Diese Prüfung ist den Forderungen der Industrie- und Kommunalverwaltungen angepaßt und läßt ohne weiteres erkennen, daß auch eine Anpassung an die besonderen Aufgaben der höheren Verwaltung möglich ist. Durch die Verlegung der wissenschaftlichen

Vorbildung eines Teils der Verwaltungsbeamten an die
Technische Hochschule ist die Reform in der einfachsten
Weise zu bewirken. Es ist aber dies auch der sicherste
Weg, technisch wirtschaftliche Intelligenz, deren Mangel
jetzt am fühlbarsten ist, dem großen Organismus der Ver-
waltung einzufügen.

3. Durch die Heranziehung von Verwaltungsingenieuren,
die ihr akademisches Studium an Technischen Hochschulen
zurückgelegt haben, wird die Verbindung der Verwaltung
mit dem Erwerbs- und Wirtschaftsleben eine innigere. Die
Beziehungen zwischen der arbeitenden Volksmasse und
der Regierung werden enger. Es steht zu erwarten, daß
die Erscheinungen in dem Leben des werdenden Industrie-
staates von der Staatsleitung unmittelbarer verfolgt werden
können, wenn diese auch in den unteren Verwaltungsstellen über Assessoren und Regierungsräte verfügt, die
frühzeitig Einsicht in die Welt der Technik gewonnen
haben.

Der Vorschlag macht keine neuen Einrichtungen nötig,
er kann in jedem Umfang ausgeführt werden. Für das
immer weiter wachsende Gebiet der Verwaltungen im
Staate sowohl wie in Kommunen und in Privatbetrieben
ist eine einheitliche wissenschaftliche Berufsbildung überhaupt nicht mehr denkbar. — Der große Generalstab der
Regierung muß alle Waffengattungen heranziehen. Warum
auf die vorzüglichen Kräfte verzichten, die doch zweifellos
auch unter der studierenden Jugend der Technischen
Hochschulen heranwachsen? Es sind Männer noch in
höherem Lebensalter ohne juristische Vorbildung in
die Verwaltung übernommen worden; das wird in der
Folge noch häufiger nötig werden. Sollte es da nicht
auch ratsam sein, einige schon in jüngeren Jahren heranzuziehen? Dazu muß der Weg offen gehalten
werden; ihn durch ein Landesgesetz zu verschließen,
kann doch nicht die Absicht der Volksvertretung sein.

Um sich die Wirkung der vorgeschlagenen Änderung
klar zu machen, vergleiche man einmal den Studiengang

zweier Söhne aus gleichem Elternhaus und mit gleicher
Mittelschulbildung, von denen der eine die Universität
(juristische Fakultät), der andere die Technische Hochschule bezieht; der erstere möge — wie dies in weitem
Umfang üblich geworden — nach einigen „nicht ganz auf
das Studium verwendeten" Semestern sich von einem
Repetitor „einpauken" lassen und die erste juristische
Prüfung bestehen; das ist (einschließlich militärischer
Dienstleistung) in drei Jahren möglich. Der zweite muß
nach einem Jahre werktätiger Beschäftigung in einem technischen Betriebe, die ihn in nächste Berührung mit dem
Industriearbeiter bringt, zwei Jahre fleißigen Studiums auf
der Hochschule verwenden, um die Zwischenprüfung, und
weitere zwei Jahre, um die Hauptprüfung zu bestehen.
In der Zwischenprüfung werden bereits die Grundlagen
der Volkswirtschaftslehre von ihm gefordert; er wird frühzeitig zu wirtschaftlichem Denken veranlaßt. In der Hauptprüfung hat er die anderen vorerwähnten Nachweise zu
erbringen. Sollten seine Kenntnisse in den Staatswissenschaften — die übrigens durch Disziplinen der Technik
verstärkt werden — von geringerem Werte sein als die
des Universitätsstudenten? Warum sollte der Verwaltungsingenieur, der mit guter Allgemeinbildung ein ernstes
Studium gerade auf diejenigen Wissenschaften verwendet
hat, die für die höhere Verwaltung von so hoher Bedeutung sind, von der Möglichkeit ausgeschlossen
werden, sich zu einem nützlichen Gliede dieses Körpers
auszubilden? Für die Regierung muß es doch von besonderem Werte sein, aus einem größeren Kreise mit
weiteren Bildungsidealen sich den Nachwuchs aussuchen
zu können. Warum beschränkte Auswahl, bei der doch
der Stempel der juristischen Prüfungskommissionen nicht
einmal ausschlaggebend sein kann? Für den Führerberuf
der höheren Verwaltung ist das Wissen, über das ein
Prüfungszeugnis Auskunft gibt — und wenn es auch von
Juristen ausgestellt ist —, ja gar nicht von so großer Bedeutung; die Maschen des Siebes müssen doch nach

anderem Maßstab und nach anderen Rücksichten gestellt
werden. Man nehme eine größere Zahl von Kandidaten
auf das Sieb und mache die Maschen enger. Auch diese
Möglichkeit bietet der Vorschlag.

Und zuletzt noch einen Hinweis. Wir sind in Deutschland jetzt allzusehr geneigt, nicht nur den hohen Wert
des Rechts und der Rechtswissenschaften rückhaltlos anzuerkennen, wir messen auch allen Einrichtungen und
Personen, die sich damit beschäftigen (oder einmal beschäftigt haben), eine besondere Bedeutung vor allen
anderen bei. Wir sehen nicht nur in dem Juristen, sondern
in jedem, der einmal bei einer juristischen Fakultät eingeschrieben war, einen Menschen höherer Befähigung.
Nach der herrschenden Meinung eröffnen sich nur ihm
alle Erkenntnisgebiete, er kann alles, er kann vor allem
regieren. (Daß das nicht ganz richtig sein kann, lehren
unter anderem unsere Kolonien.) Der Beschäftigung mit
Rechtswissenschaft und Rechtspflege werden eine Reihe
von wertvollen Eigenschaften zugeschrieben, die bei
anderen Wissenschaften und anderen Berufen nicht vorhanden sein sollen. Sie soll eine vorzügliche Schulung
für die Geistesbildung sein, sie soll das logische Denken
schärfen, sie soll die beste Grundlage für eine erfolgreiche
Betätigung in der höheren Verwaltung sein. Das alles
führt zu Übertreibungen, die in mancher Hinsicht bedenklich werden können. Summum jus summa injuria — bei
keinem anderen Volke ist das so deutlich geworden wie
bei uns: Recht muß Recht bleiben, wenn auch die höchsten
Güter auf dem Spiele stehen — das ist deutsche Auffassung; die englische — right or wrong, my country —,
die in den letzten Tagen öfters angeführt worden ist, mag
dagegengestellt werden.

Verwaltungsingenieure.

Das Herrenhaus hat mit der Zustimmung zu dem dritten Gesetzentwurf über die Befähigung für den höheren Verwaltungsdienst in Preußen eine Resolution angenommen, durch die die Kgl. Staatsregierung um Vorlegung eines neuen Gesetzentwurfes ersucht wird, der die wissenschaftliche Vorbereitung zum höheren Verwaltungsdienst (Studium und Prüfung) gleichzeitig mit der zum höheren Justizdienst regeln soll. Wenn auch noch nicht zu übersehen ist, welche Reform die von der Regierung zugesagte Vorlage bringen wird, so sind doch nur zwei Möglichkeiten gegeben: entweder bleibt die Verkettung der beiden Berufe, Verwaltung und Rechtspflege, bestehen — das Studium ist inhaltlich das gleiche und wird für beide Berufe durch ein und dieselbe Prüfung — die erste juristische Prüfung — abgeschlossen, oder es erhält die Verwaltung eine neue Studienordnung, sei es mit völliger oder nur teilweiser Trennung. Die letztere Möglichkeit halten die Gesetz-geber offenbar für ausgeschlossen, sonst würden sie die Regierung nicht festlegen auf zwei Prüfungen, von denen die eine die erste juristische Prüfung sein muß.

Würde die kommende Reform der wissenschaftlichen Vorbereitung von derjenigen der Rechtspflege sich unterscheiden, so müßte auch die erste Prüfung für Verwaltungsbeamte eine neue Form erhalten und das damit eben zustande gekommene Gesetz wieder abgeändert werden müssen. Nach dem ungewöhnlichen Aufwand, den dieses Gesetz verursacht hat, muß jede Änderung in der nächsten Zeit ausgeschlossen sein. Es bleibt also nur die erste Möglichkeit, d. h. jede Umgestaltung in dem einen Beruf muß zugleich für den andern Beruf verbindlich sein. Vor allem müßten Unterrichtsfächer im Studienprogramm der Verwaltung auch Prüfungsfächer für die Rechtspflege werden.

Nach den vielen Erörterungen des letzten Jahrzehnts in der Literatur und der Tagespresse, in der Volksvertretung und vom Ministertisch kann nun kein Zweifel darüber bestehen, was der höheren Verwaltung in ihrem Nachwuchs fehlt: es ist das Verständnis für das „praktische Leben". (Diese Bezeichnung ist von den besten Kennern der Verhältnisse gewählt.) Mit einer gewissen Weltfremdheit, wie im Landtag gesagt wurde, kommen die Referendare aus ihrer Prüfung, um sich an praktischen Aufgaben innerhalb ihres Berufskreises zu üben. Die Weltfremdheit sowohl wie die mangelnde Kenntnis des praktischen Lebens kann sich nur darin äußern, daß es den Referendaren an den nötigen wissenschaftlichen Grundlagen fehlt, welche in jedem Beruf bei Beginn der praktischen Ausbildung vorausgesetzt werden. Es handelt sich also um einen Mangel an Wissen, der hier — wie bei anderen akademischen Berufen — durch Verbesserungen im Unterrichtsprogramm der Hochschule beseitigt werden muß.

Wie diese Verbesserungen im Unterrichtsprogramm und selbstverständlich in der Prüfungsordnung (die mit derjenigen der Rechtspflege gleichlautend sein muß) aussehen müßten, kann wiederum nicht zweifelhaft sein: es müßte eine Schwenkung nach der Richtung derjenigen Wissensgebiete vorgenommen werden, welche bisher ganz ignoriert worden sind. Das sind die Naturwissenschaften; auch ist es nötig, die Grundlagen der angewandten Naturwissenschaft — in erster Linie also die technischen Wissenschaften — in das Unterrichtsprogramm aufzunehmen.

Mir scheint der Weg, der mit dem diesjährigen Notgesetz eingeschlagen wird, in eine
Enge zu führen. Die höhere Verwaltung und die vielen
anderen Stellen in Staat und Gemeinde, die durch Gesetz
und Tradition auf das Vorbild der Verwaltung festgelegt
sind, bedürfen in dem neuen Jahrhundert — das ist unverkennbar — wirtschaftlicher Intelligenz auf naturwissen-
schaftlicher, technischer Grundlage. Die kann aber dem
großen Organismus unmöglich in der Weise zugeleitet
werden, daß der ganze Nachwuchs juristisch und zugleich
naturwissenschaftlich technisch vorgebildet wird. Das ist
zu viel an Wissensstoff. Eine Durchsetzung mit den für
neuzeitliche Verwaltungsaufgaben erforderlichen wissenschaftlichen Grundlagen ist vielmehr nur so denkbar, daß
die Verwaltung ihre unversöhnliche Haltung
gegenüber den Bildungsresultaten anderer
Hochschulen aufgibt und auch Personen anderer Vorbildung in ihre Reihen aufnimmt. Die
höhere Verwaltung ist der große Generalstab, der nur vor-
aussehen und leiten kann, wenn er sich aus Führern aller
Waffengattungen zusammensetzt. Mag es klug und geboten
sein, eine zu bevorzugen, falsch ist es jedenfalls, eine
auszuschließen. Die höhere Verwaltung hat zurzeit auch
die Möglichkeit, eine Ergänzung ihres großen Beamtenkörpers nach diesem Prinzip zu sichern; sie muß aber
dazu anerkennen, daß die Universität nicht ihre einzige
Hochschule ist. Wenn das diesjährige Gesetz einen dauernden Wert behalten soll, so muß hierin der Regierung die
Ermächtigung gegeben werden, einen Teil des Nachwuchses
dem Kreise von Akademikern zu entnehmen, die auf natur-
wissenschaftlicher Grundlage vorgebildet sind. Und hierfür kommen in erster Linie die Ingenieure der Technischen
Hochschule in Betracht, unter denen ebenso tüchtige und
wertvolle Kräfte (nach Allgemeinbildung, Charakter, Takt)
heranwachsen als auf den Universitäten. Um die brauch-
barsten unter diesen dem Berufe der höheren Verwaltung
zu sichern, wären nur unwesentliche Änderungen in dem

Gesetz nötig, welche für die beiden ersten Paragraphen die folgende Fassung erhalten könnten:

§ 1. Die Befähigung zum höheren Verwaltungsdienst wird durch die Ablegung zweier Prüfungen erlangt, denen ein mindestens dreijähriges Studium der Rechte und der Staatswissenschaften auf einer Universität oder ein mindestens vierjähriges Studium der Ingenieur- und Staatswissenschaften an einer Technischen Hochschule voranzugehen hat.

§ 2. Die erste Prüfung ist die erste juristische bzw. die Diplomhauptprüfung für Verwaltungsingenieure, die zweite Prüfung ist bei der Prüfungskommission für höhere Verwaltungsbeamte abzulegen.

Die Technischen Hochschulen haben den Forderungen des Ingenieurberufes sich anpassend zum Teil schon jetzt kameralistische Unterrichtsfächer in ihr Programm aufgenommen. An einer Hochschule wird auch seit mehreren Jahren eine Hauptprüfung (vorausgehend eine Zwischenprüfung) für Verwaltungsingenieure abgenommen, welch letztere nach einjähriger Tätigkeit in einem technischen Betriebe und darauf folgendem vierjährigen Studium neben der Ingenieurbildung den Nachweis zu erbringen haben von Kenntnissen aus der allgemeinen Rechts- und Verwaltungslehre, der Volkswirtschaftslehre, den Finanzwissenschaften (auch Sprachkenntnisse werden verlangt).

Wenn fünf Jahre auf die wissenschaftliche Vorbildung eines Ingenieurs verwendet werden, der mit genau der gleichen Mittelschulbildung sein Studium beginnt wie der Universitätsstudent, und wenn in einem Unterrichtsbetriebe, der arbeitsloses „Studieren" ausschließt und durch fortgesetzte Übungen zum Können und zum selbständigen Arbeiten erzieht, noch Zeit bleibt, ein Verständnis für die rechtlichen Ordnungen im Staats- und Wirtschaftsleben vorzubereiten, so muß es unverständlich bleiben, weshalb Verwaltungsingenieure von der Zulassung ausgeschlossen

und Referendare zugelassen werden, die nur ein paar Semester auf ihr Studium verwendet haben. Freilich kennen
unsere Gesetzgeber keine andere Hochschule als die Universität. Das große Gebiet der Wissenschaften, welche
die Technische Hochschule pflegt, erscheint ihnen nicht
als universitas. Das darf sie aber nicht abhalten, vor-
urteilsfrei zu prüfen. Wollten sie ohne Engherzigkeit einmal an die Frage herantreten, so würden sie in dem eigenartigen Studium, wie es an Technischen Hochschulen
betrieben wird, gerade ein erwünschtes Gegengewicht
gegen die formal-juristische Bildung der Universitäten
erblicken, das noch wertvoller wäre als die technische
Schulung selbst. Der Geist moderner Technik, der mit
dem Ingenieur in den Reihen der Verwaltung ein Heimat-
recht erhält, könnte das Notgesetz wirklich noch zu einem
nötigen Gesetz machen.

Bei der Bewertung des Vorschlags möge man beachten, daß er nicht ein Recht der Technischen Hochschulen oder der Verwaltungsingenieure begründet, sondern nur eine Ermächtigung der Regierung, so bald und
so eng begrenzt, wie sie es für gut hält, Verwaltungsingenieure zur Ausbildung zuzulassen.

Daß der bisherige Studiengang der normale bleiben
muß, bleibt bei dem Vorschlag ebenso außer Frage wie
der Wert einer guten und möglichst vollkommen juristischen Durchbildung für den Stamm der höheren Verwaltungsbeamten. Der Vorschlag beseitigt gerade die Notwendigkeit, diese juristische Vorbildung aus Rücksichten
auf das „praktische Leben" immer mehr zu beeinträch-
tigen. Er beseitigt aber vor allem die Schwierigkeiten,
die der kommenden Reform erwachsen müssen, wenn das
diesjährige Gesetz angenommen wird. Mag man über
den Wert der Ingenieurbildung und über die Brauchbarkeit der Verwaltungsingenieure im Organismus der Verwaltung abweichender Meinung sein, ein Vorteil für die
Rechtswissenschaft kann dem Vorschlag nicht bestritten
werden. Er bietet den einzigen Ausweg, die Reform der

Vorbildung für die Rechtspflege nach den Bedürfnissen dieses Berufs und nicht nach denen eines anderen zu gestalten. Forderungen, die gegen die Interessen der Rechtspflege aus der Eigenart der Verwaltung gestellt werden — und sie müssen gestellt werden — können mit der Begründung abgelehnt werden, daß der Regierung ein anderer Weg offen steht. Bleibt dieser Weg verschlossen, so wird der Rechtspflege ihr Gast einmal recht unbequem werden.

———

Das Berufsstudium der Verwaltung.

(Ein Beitrag zur Hochschul-Pädagogik.)

Seit langem schon wird die wissenschaftliche Vorbereitung für die höhere Verwaltung dadurch erschwert, daß das Hochschulstudium für diesen Beruf sich den zeitgemäßen Forderungen nicht mehr anpassen will — eine eigentümliche und wohl einzig dastehende Erscheinung in der Geschichte des Hochschulunterrichts. Die Regierung, die Volksvertretung, selbst die Verwaltungsbeamten und die Hochschullehrer — sie alle kennen den Mangel und beklagen ihn. Ihn gründlich zu beseitigen oder auch nur an der Wurzel anzufassen, will niemand unternehmen.

Ich nehme eine Tageszeitung, in der der Mangel besprochen wird, und finde folgende Ansichten: „Unsere juristische Jugend pflegt vielmehr ihr Berufsstudium als überaus langweilig einzuschätzen, als ein notwendiges Übel, das man in Rücksicht auf die praktischen Vorteile der künftigen Lebensstellung eben auf sich nehmen muß — infolgedessen bleibt gerade in dem Berufsstand, der für den modernen Staat der allerwichtigste ist, der in Gesetzgebung, Rechtsprechung, Verwaltung gleichmäßig herrscht und praktisch das ganze Wohl und Wehe der Volksgemeinschaft in der Hand hat, die Mehrzahl seiner Mitglieder zeitlebens Stümper in ihrem Fach, unfähig sich über die Schablone der Geschäftsroutine zu erheben und für die Mitarbeit an den schweren sozialen Problemen der Gegenwart ganz untauglich. Welche Unsummen von politischen, wirtschaftlichen, ethischen Werten hat dieses Stümpertum uns schon vernichtet." („Tag", 8. Mai 1906.)

Es ist eine von Lehrern der Rechtswissenschaften mehrfach bestätigte Tatsache, daß bei keinem anderen Studium an der Universität so viel „gebummelt" wird als bei dem der Jurisprudenz, daß auch die Vorbereitung für die juristische Prüfung in einem Maße durch „Einpauken" betrieben wird, wie dies bei anderen Fakultäten und auf anderen Hochschulen bisher nicht beobachtet wurde.

Aber warum stehen denn gerade die bei den juristischen Fakultäten eingeschriebenen Studierenden in größerer Zahl ihren Wissenschaften interesselos gegenüber? Ein Verwaltungsbeamter gibt darauf die Antwort: Weil die Hochschullehrer den Unterricht so wenig anziehend gestalten, daß eine große Zahl von Verwaltungsbeamten „jede in den Vorlesungen verbrachte Stunde als verlorene Zeit bedauern müssen." („Tag", 30. Jan. 1906.)

Das ist natürlich ebenso unzutreffend wie das vorige Urteil. Warum sollte bei einem doch zweifellos hochstehenden Unterricht der Universitäten gerade derjenige einer einzigen Fakultät überall mangelhaft sein, warum sollten denn unter den vielen Dozenten gerade die Vertreter der Rechtswissenschaft schlechte Lehrer sein? Treffender scheint eine dritte Ansicht:

„Der Beruf des Verwaltungsbeamten ist ein eminent praktischer, auf konkrete Lebensverhältnisse angewandter, und man darf wohl vermuten, daß die jungen Leute, die ihn aus Neigung zu seiner besonderen Art ergreifen und nicht aus anderen Gründen, dies tun, weil sie bewußt oder unbewußt die Fähigkeit besitzen, praktisch gestaltend in die Verhältnisse des Lebens einzugreifen, weil sie mehr praktisch als theoretisch, mehr real als abstrakt veranlagt sind. Und gerade dieser Veranlagung der künftigen Verwaltungsbeamten bietet die juristische Fakultät so gut wie gar nichts." („Tag", 17. März 1906.)

Hierzu muß man die entscheidende Frage stellen: Warum sind bisher alle Versuche mißlungen, den jungen Leuten mehr zu bieten?

Die Antwort liegt zu nahe: weil die Jurisprudenz nicht die Wissenschaft der Verwaltung ist; weil sie für diesen Beruf nur eine Hilfswissenschaft ist und weil die Jurisprudenz in dem Unterrichtsbetriebe der Universitäten in erster Linie für die Justiz bestimmt ist.

Das heutige Berufsstudium der Verwaltung ist daher ein Widerspruch in sich; das fühlt zuerst der Student, der „bewußt oder unbewußt die Fähigkeit besitzt, praktisch gestaltend in die Verhältnisse des Lebens einzugreifen"; er kommt zu der Universität, seiner Hochschule, um mit Hilfe der Rechtswissenschaft und über diese hinaus sich weiter führen zu lassen zu Erkenntnisgebieten, die für das Verständnis des Lebens nicht mehr zu entbehren sind. Er will aber nicht und darf nicht stecken bleiben in der juristischen Schule.

Aus zwingenden Gründen ist vordem die Verwaltung von der Rechtspflege getrennt worden; die beiden Berufe sind in ihrer praktischen Betätigung weit auseinander gerückt. Warum sollten sie in der wissenschaftlichen Vorbereitung so eng aneinander gekettet bleiben? Sie haben ja freilich noch eine feste und unverrückbare Gemeinsamkeit — die Rechtsordnungen. Es wird aber doch als widersinnig empfunden, daß ein Student, der Richter werden will, nicht tiefer sollte eindringen müssen in „seine" Wissenschaft als der zukünftige Verwaltungsbeamte. Könnte man das Studium der Medizin mit dem der Chemie vereinigen, weil dem künftigen Arzt auch weitere Gebiete der Chemie bekannt sein müssen? Muß der zukünftige Forstwirt seine ganze Studienzeit der Botanik widmen? Ist eine Ingenieurerziehung denkbar, die sich auf die Mathematik beschränkt? Wenn bei solch naheliegenden Vergleichen die im praktischen Beruf stehenden ehemaligen Studierenden der Rechtswissenschaften noch ihr Bedauern mitteilen über jede in den Hörsälen „verlorene" Stunde, wenn der Student sieht, wie andere vor ihm ihre Berufsaufgaben erfüllen, die ihr Prüfungswissen beim Einpauker gewonnen haben, so wird das von vornherein mangelnde Interesse nicht geweckt. Bei freier Berufswahl und vor allem bei Lernfreiheit ist aber ein tiefer gehendes Interesse an der Wissenschaft, der das Studium gewidmet sein soll, unerläßliche Voraussetzung; jedenfalls ist fehlendes Interesse ein sehr großes Hindernis jedes Hochschulunterrichts. Dazu kommt nun noch, daß bei dem Studium die geistigen Veranlagungen der Hörer den Unterricht wesentlich beeinflussen. Ein großer Teil der bei der juristischen Fakultät eingeschriebenen Hörer kann sein „Studium" nicht nach seinen geistigen Fähigkeiten wählen; wer mehr „praktisch als theoretisch", mehr „real als abstrakt" veranlagt ist, — und diese Veranlagung steht doch dem Interesse an dem Beruf der Verwaltung nicht im Wege — könnte gewiß seine wissenschaftliche Vorbildung auf anderem Wege finden: er muß aber den Weg durch die Schule der Jurisprudenz machen, weil es einen anderen nicht gibt. Aus einem Studentenmaterial, das ohne Interesse und ohne Begabung zu „seinem" Studium kommt, können aber auch die besten Rechtslehrer keine guten Juristen machen. Da müssen einige — vielleicht auch eine größere Zahl von „Stümpern" mit unterlaufen.

Was mir aber als das schwerste Hindernis erscheint, das ist die Behauptung der Verwaltungsbeamten, daß die juristische Schule und der juristische Geist, in dem sie erzogen würden, ihre Berufsaufgaben erschwere. In dem Landtag einer preußischen Provinz sagte kürzlich ein Landrat: „Der uns anerzogene juristische Formalismus kann direkt eine Gefahr sein für jeden, der in das Verwaltungsfach übertritt. Das sogenannte juristische Gefühl gerade ist es, das sich oft und leider gerade erfolgreich dagegen sträubt, praktischen und menschlich zwingenden Gründen nachzugeben."

Nehme ich alle diese Urteile, die sich geradezu häufen und die bei aller Übertreibung doch die Erscheinungen

als solche richtig wiedergeben müssen, so bleibt keine
andere Erklärung als der innere Widerspruch, der darin
besteht, daß zwei ganz verschiedene Berufe ein und dasselbe Hochschulstudium haben, das durch ein und dieselbe Prüfung abgeschlossen wird.

Dieser Widerspruch ist auch dem Versuch verhängnis-
voll geworden, der von der preußischen Gesetzgebung
zur Besserung des bemängelten Zustandes unternommen
wurde. Verhandlungen, die sich über viele Jahre hin-
ziehen, Gesetzesvorlagen, die zweimal wiederholt werden
müssen, um schließlich das eine zu erreichen, daß die
jungen Beamten in der Folge nur noch 9 Monate statt
2 Jahre bei den ordentlichen Gerichten ausgebildet werden.
Das ist gewiß ein ungewöhnlicher Vorgang bei einer ein-
fachen Frage der Vorbildung. Bei keiner anderen Berufsbildung ist Ähnliches zu verzeichnen. Was das Außer-
gewöhnliche steigert, ist einmal die Geringfügigkeit des
Erreichten und sodann die Tendenz, die hierbei hervortritt.

Das Hochschulstudium sollte reformiert werden —
darauf war seit Jahrzehnten das Bestreben aller Einsichtigen
gerichtet; das ist aber mit dem Gesetzeswerk n i c h t e r -
r e i c h t w o r d e n. D a s S t u d i u m i s t u n v e r ä n d e r t
g e b l i e b e n, weil die Behandlung der ersten (gescheiter-
ten) Vorlage ohne weiteres erkennen ließ, daß ein Ausgleich der Interessen zwischen Verwaltung und Justiz im
Studium unmöglich ist. Und nun ist das Gesetz in seiner
zweiten und dritten Form in eine Bahn gelenkt, die für
das Prinzip der akademischen Bildung der Verwaltungs
beamten äußerst nachteilig werden muß. In der Folge
werden die bestehenden Schwierigkeiten sich weiter vermehren.

Das neue Gesetz über die Befähigung für den höheren
Verwaltungsdienst muß als eine Absage an die Jurisprudenz
g e d e u t e t werden, denn es besagt, daß die Vorbildung
der Verwaltungsbeamten um so besser wird, je früher die
letzteren der juristischen Schulung entzogen werden. Die
jungen Beamten sollen nicht mehr mit ihren Studien-

genossen weiter ausgebildet werden, die Vertiefung der
Hochschullehre und die Anpassung derselben an die
Berufsaufgaben — das ist die Zweckbestimmung der praktischen Berufsbildung — soll eine andere werden. Müßte da
nicht gleichzeitig auch die Lehre selbst eine Änderung erfahren? Solche Fragen beantwortet sich der Student selbst.
Er merkt sehr bald, daß nunmehr der Schwerpunkt noch
weiter nach dem zweiten Teil der Vorbildung verschoben
ist — von der Hochschule weg. Dem Hochschulstudium
wird weniger Wert beigemessen; es ist ja für diejenigen
bestimmt, die zu den Gerichten gehen.

Und wirklich — wenn man die Neuregelung nach Ana-
logie der anderen Berufe beurteilen darf — liegt eine
solche Auslegung der Motive nahe. Bei der Beratung
des letzten Entwurfes gab die Regierung zu, daß die jungen
Beamten „lebensfremd" von ihrer Hochschule kommen,
— dieselben Beamten, die wenige Jahre nachher Führer
des Lebens sein sollen! Diese Kritik ist gewiß ernst zu
nehmen, sie ist (bei allem Wohlwollen) die schärfste, die
über das System bisher gefällt worden ist. Die Verwaltungsbeamten — so ist hieraus zu entnehmen — haben
einen Hochschulunterricht, der nicht einmal die ersten
Forderungen jeden Unterrichts erfüllt. Und diesen Unterricht läßt man bestehen; man begnügt sich damit, seine
Fehler durch Maßnahmen zu korrigieren, die hinter der
Hochschule liegen.

Die ganze Tendenz in der Vorbildung der Verwaltungsbeamten ist jetzt auf eine Unterweisung gerichtet, die außerhalb der Hochschule liegt; es nimmt den Anschein, als
ob man von dem offiziellen Studium nichts mehr erwartet.
Das Vertrauen ist gesunken; das läßt sich an manchen
Erscheinungen beobachten. Die Stimmung im preußischen
Landtag ist gegen eine Verlängerung der kurzen Studienzeit; vielleicht sagen sich die Akademiker dieser Körper-
schaft, daß jede weitere Stunde verlorene Zeit ist. Sie
müssen es wissen; sie haben ja selbst die Schule der
Jurisprudenz kennen gelernt. Besser soll es sein, den

Unterricht später nachzuholen. Eine Vereinigung ist gegründet worden, „für staatswisssenchaftliche Fortbildung", die Assessoren und Landräten den Unterricht
erteilt, der eigentlich auf die Hochschule gehört.

Für die Beurteilung der Bewegung ist es nicht ohne
Interesse, das Unterrichtsprogramm dieses verdienstvollen
Unternehmens zu betrachten. Es geht aus von den Wand-
lungen, die das „naturwissenschaftliche Zeitalter" verursacht habe, und von der Notwendigkeit dem Beamtenkörper der Verwaltung in einzelnen Persönlichkeiten des
Nachwuchses technisches und wirtschaftliches Verständnis
zuzuführen. Wenn die Juristen die „erste Hypothek", die
ihnen eingeräumt sei, behalten wollten, so müßten sie
ihre Bildung umfassender gestalten und sich einen
Einblick in das gesamte wirtschaftliche Leben verschaffen.
Von der einseitigen juristischen müsse man mehr zur
kameralistischen Vorbildung übergehen. Zur Erreichung dieses Zieles sind Kurse eingerichtet, die als
eine „vorläufige Abschlagszahlung" bezeichnet werden. In
diesen Kursen, die sich über mehrere Wochen bezw.
Monate erstrecken, werden die Teilnehmer durch Vorträge
und viele Besichtigungen technisch-gewerblicher Betriebe
unterrichtet. Und auch hierin läßt sich der Widerspruch
verfolgen, der voraussichtlich selbst dieses Unternehmen
schädigen wird. Dasselbe müßte als „Fortbildung"
auf früher gelegten Grundlagen sich aufbauen, denn jeder
Unterricht setzt gewisse Kenntnisse und Fähigkeiten voraus,
die auf der Vorstufe erreicht sein müssen. Eine Fortbildung, die über dem Hochschulunterricht steht, müßte
besonders hohe Anforderungen stellen können. Für die
meisten der Unterrichtsgebiete, auf welche sich die
Fortbildung in den Kursen erstreckt, ist die Vorbildung
der Teilnehmer aber sehr mangelhaft, für einige fehlt sie
fast ganz. So ist zum Beispiel bei keinem aus der
juristischen Schule hervorgegangenen Assessor eine ausreichende Grundlage vorhanden für das Verständnis technischer Arbeit.

Ich entnehme dem Exkursionsprogramm eines Kursus
für mehrere Tage: Städtische Entwässerungsanlagen und
Hafenbau, mehrere Maschinenfabriken und eine Akkumu-
latorenfabrik, Besuch eines Kohlenreviers, Einfahrt in
mehrere Schächte, Besichtigung der Werkanlagen einer
Hütte (Stahlwerk und Gebläsemaschinen), Besichtigung
einer Talsperre usw. Daß der Unterricht über Wesen,
Entstehung und wirtschaftliche Bedeutung dieser Werke
zu der staatswirtschaftlichen Lehre gehört oder gehören
sollte, soll gewiß nicht bestritten werden; man darf aber
doch bezweifeln, ob ein wirklich nachhaltiger Fortbildungs-
unterricht auf diesen Gebieten erteilt werden kann, wenn
der Assessor auf seiner Hochschule nichts von Ingenieur-
wissenschaft gehört, wenn ihm die notwendigsten techno-
logischen Vorkenntnisse, ja selbst einfache naturwissenschaftliche Begriffe fehlen. Für jeden Gebildeten ist es
ja — gleichgültig, in welchen Wissenschaften er unterrichtet
ist — lehrreich, sich in einer Förderschale bewegen zu
lassen oder sich neben eine Walzenstraße zu stellen.
Das ist für einen Theologen oder einen Mediziner nicht
minder lehrreich als für einen Juristen. Einen wirklichen
Gewinn für Wissen und Können — und darauf kommt es
doch an — hat aber nur derjenige, der gelernt hat, die
vor seinen Sinnen ablaufenden Vorgänge in ihrem ganzen
Verlauf zu verfolgen und ihre Wirkung auf das Wirtschaftsleben zu beurteilen. Für einen angehenden Staatswirt —
das sollten eigentlich die Exkursionsteilnehmer ja schon
sein — ist das besonders wichtig. Und da glaube ich,
daß nicht einmal die Kenntnisse aus der theoretischen
Volkswirtschaftslehre, die der Studierende der Rechts-
und Staatswissenschaft erworben hat, hier eine ausreichende
Grundlage bilden. Jedenfalls fällt es einem Akademiker,
der bei einer juristischen Fakultät eingeschrieben war und
seine Studienzeit voll auf „seine" Wissenschaft
verwendet hat, sehr schwer, das Wesentliche all der
verwickelten Vorgänge zu erfassen. Und wer wirklich
Jurist geworden ist in seinem Studium, wer sich vertieft

hat in das Meisterwerk, das menschlicher Verstand in dem monumentalen Bau des Rechts errichtet hat, dem fällt es doppelt schwer. Die Logik der Natur ist zu verschieden von der des Rechts. In der Technik — sie ist ihrem Wesen nach angewandte Naturerkenntnis, und auf sie stützt sich unser Wirtschaftsleben — gilt zuerst das Gesetz der Natur. Wer jahrelang sein logisches Denken nur an juristischen Materien geschärft, wer „daran gewöhnt ist, praktische Lebensverhältnisse unter rechtliche Begriffe zu subsummiere" — ein Vorzug, den die Motive des preußischen Gesetzes betonen —, der ist auf vielen Gebieten des neuzeitlichen Lebens in klarer Auffassung der Geschehnisse behindert. Er ist „lebensfremd" geworden. „Es scheint deshalb dringend notwendig," wie der erwähnte preußische Laudrat meinte, „daß das Jnristentum in der Verwaltung auf ein Mindestmaß eingeschränkt wird."

Das ist zurzeit die stillherrschende Ansicht. Wir sind aber trotzdem noch sehr weit entfernt von einer Durchführung dieses Gedankens. Das zeigt nichts deutlicher als das preußische Gesetz. Wie will man von dem juristischen Studium loskommen, wenn man alle Verwaltungsbeamten durch die juristische Prüfung schickt?

Unsere wirklichen Juristen müssen doch zuerst und vor allem in der Jurisprudenz unterrichtet werden; für sie muß doch das Recht Anfang und Ende des Studiums sein. Das Studium muß mit einer Prüfung abgeschlossen werden — der ersten juristischen. Wenn alle Verwaltungsbeamten diese Prüfung ablegen müssen, so müssen sie so studieren, als ob sie gute Juristen werden wollten. Dieser Widerspruch muß fallen. Es muß die Verwaltung auch im Studium unabhängig werden von der Rechtspflege. Das Studium der Verwaltung muß freier gestaltet, der Nachwuchs aus breiter Schicht entnommen werden.

Die Universitäten haben in dem Gefüge der Staaten unter anderem die Aufgabe, Persönlichkeiten zu schulen, die den Staat weiter führen und mit ihrem Intellekt verteidigen können. Diese Aufgabe ist aber nicht nur den Universitäten zugefallen, auch andere Hochschulen, die vom Staate unterhalten werden, müssen hieran teilnehmen· Das folgt aus dem Begriff der Staatsanstalt. Hier steht nicht etwa das Recht, sondern die Pflicht im Vordergrund. Es ist ein schwerer Irrtum, begleitet von einem bedenklichen Vorurteil, wenn die Motive des preußischen Gesetzes es als »naturgemäß« bezeichnen, daß nur die Universität Verwaltungsbeamte erziehen könne; es ist ebenso bedenklich für die wissenschaftlichen Disziplinen wie für die Praxis der Staatsführung, die Staatswissenschaften nur an der Universität zu suchen. Einseitigkeit lähmt. Wenn es neben der Universität eine andere Hochschule gibt, welche Wissenschaften der Staatswirtschaft pflegt — welche vielleicht einzige Lehrstätte ist —, so ist es doch schon Pflicht der Selbsterhaltung, diese nutzbar zu machen für die Erziehung der Verwaltungsbeamten. Diesen Gedanken hat schon Professor Ortloff in seinem »Studium der Rechts- und Staatswissenschaft« (Halle, Waisenhaus 1903) ausgesprochen. Auch Ortloff betont zunächst die Notwendigkeit, wieder »Kameralistik« (Geographie, praktische Mathematik, Technik, Anthropologie, Versicherungsrecht usw.) in dem Studium der Verwaltung zu pflegen, und empfielt, einem »höheren« Studium der Staatswissenschaften ein auf zwei Semester beschränktes kameralistisches Vorbereitungsstudium vorauszuschicken, das, »sofern die einzelne Universität dazu weniger Gelegenheit bietet, auf einer höheren landwirtschaftlichen und technischen Lehranstalt, Berg- und Forstakademie« zurückzulegen wäre (S. 39). Für weniger weitgehende Ansprüche in den Ämtern der Verwaltung hält er sogar die Universität nicht einmal für geeignet. »Für die Erlernung der sog. kameralistischen Fächer dienen j e t z t die in großer Anzahl vorhandenen technischen und polytechnischen Hochschulen, die keine Berührung mit den Fakultäten der Rechts- und Staatswissenschaft der Universitäten haben. Die für die Erlangung des Dr. Ing. erforderten Prüfungen könnten auch

für die zur Erlangung eines in jene Gebiete fallenden
Staats- oder sonstigen öffentlichen Amtes maßgebend
werden.«

Hier wird zum ersten Male anerkannt, daß es außer
der Universität überhaupt noch Lehrstätten gibt, die ver-
wendbar sind, und daran wird auch zum ersten Male der
selbstverständliche Vorschlag geknüpft, diese Stellen nunmehr auch heranzuziehen bei der vorliegenden Aufgabe.
Dabei war Ortloff (der übrigens die Technischen Hochschulen der Zahl nach überschätzt — in Preußen kommen
z. B. erst 4 Technische Hochschulen auf 10 Universitäten,
bei einem Etat, der nur halb so groß als der der 3. kleinsten
Universitäten) nicht einmal bekannt, daß diese Hochschulen
auch einen umfangreichen Unterricht in den Fächern der
Rechte, Finanzwissenschaft und Volkswirtschaftslehre geschaffen haben. Daß dieser Vorschlag der einzige geblieben
ist in der umfangreichen Literatur, ist mit anderen Erscheinungen bei der Behandlung der Frage ganz bezeichnend
für die gewaltigen Schwierigkeiten, die hier bestehen müssen.
Obwohl eine Frage des Unterrichts vorlag (sie stand im
Mittelpunkt), ist das Unterrichtsministerium bei der preußischen Gesetzesvorlage in den Hintergrund getreten. In
dem Parlament auch nicht einmal die Erwähnung einer
anderen Erziehungsmöglichkeit. In der Kommission des
Landtags kein einziger Akademiker, der nicht aus der Universität gekommen wäre; es scheint, als ob sowohl die
Regierung als auch die Volksvertretung andere Hochschulen
in ihrem Bildungswert für die Staatsleitung unterschätzt
oder vielmehr gar nicht einmal kennt. Das würde freilich
die ganze Situation mit einemmale erklären. Und die Wahrscheinlichkeit ist nicht gering.

Wer kennt denn den heutigen Unterrichtsbetrieb der
neuen Lehrstätten oder vermag den ganzen Wert der
Lehre aus eigener Erfahrung zu schätzen; wie wenige
aus der großen Zahl der Volksvertreter und der regierenden
Verwaltungsbeamten haben je diese Stätten betreten? An
dem Gesetzentwurfe wird kein einziger Kopf tätig gewesen

sein, der sich als Student in die Gesetze der Natur und der Technik vertieft hätte und ermessen könnte, was für Kräfte für die Intelligenz der Staatsleitung hier gebildet werden. Unser König allein, seinen Räten weit voraus, hat hier tiefer gesehen. »Ich rechne auf die Technischen Hochschulen,« das waren Worte weiser Einsicht. Sie sind verklungen; aus den Wellen, die einstmals die Festhalle der Charlottenburger Hochschule erfüllten, wird es aber weiter tönen, und ganz leise klingt es schon wieder an bei dem erfahrenen Lehrer, der einen Dr.-Ing. schon für fähig hält, ein »niederes« Verwaltungsamt zu führen. Und die Wellen, die jetzt von der »Vereinigung für staatswissenschaftliche Fortbildung« ausgehen, sie führen auch zu der Hochschule, die gleichwertig n e b e n die alte Universität getreten ist und auch hier mithelfen muß an dem großen Werk der Lebensführung.

Übergang von der »einseitig juristischen zu der mehr kameralistischen Vorbildung« heißt nämlich nichts anderes als Beteiligung der Technischen Hochschule und »ihrer« Wissenschaften an der Vorbildung der Verwaltungsbeamten. Hiermit beginnt die Mission der Technischen Hochschule als Pflegestätte der Kameralwissenschaften lebendig zu werden.

Daß eine solche Mission besteht, möge ein geschichtlicher Rückblick zeigen.

Um die Wende des 18. Jahrhunderts war es den Staatsmännern schon einmal klar geworden, daß man zur Leitung der Staaten einer Beamtenschaft bedürfe, die für ihren Beruf besonders vorbereitet sein müsse, daß diese Vorbereitung mit einem besonderen Hochschulstudium beginnen und daß das letztere als Hauptinhalt die S t a a t s - w i r t s c h a f t haben müsse. Merkwürdig — die Organisatoren dieses Hochschulunterrichts, unter denen der König Friedrich Wilhelm I. besonders genannt sein muß, hatten von vornherein betont, daß das Hochschulstudium nicht etwa das der Jurisprudenz sein solle. Nur keine Juristen — Staatswirte war das Ziel. In dem einzurichtenden

Unterrichte mußte natürlich auch die Lehre von dem Recht
aufgenommen werden; man verlangte von einem Staatsmann
selbstverständlich eine klare Einsicht in die Rechtsordnungen, — aber man wollte doch die Rechtslehre nur
n e b e n anderen zum Teil wichtigeren Unterweisungen.
Die Juristen aber sollten ihren eigenen Weg gehen. Es
genüge nicht die bloße Erkenntnis der Rechte aus den
Pandekten und der Lehre von den bürgerlichen Prozessen.
Der Staat habe den Zweck, das, was seiner Angehörigen
zeitliches Wohl ausmache, zu verbessern und zu vervoll-
kommnen. Wer dem Staat in ökonomischen Polizei-,
Kammer- und Finanzämtern dienen wolle, müsse deshalb
die Fähigkeit erlangen, jedes Handwerk, jede Fabrik, jeden
Ackerbau, ja alle wirklichen Privatwirte zu regieren und zu
diesem Zwecke (nach guter Vorbereitung auf den niederen
Schulen) auf den hohen Schulendie „politischen" und
„ökonomischen" Wissenschaften— Kameralwissenschaften
— studieren. So die Ansicht im Beginne des 18. Jahrhunderts. S t i e d a hat in einer Abhandlung die „Nationalökonomie als Universitätswissenschaft" (Teubner 1906) die
Anfänge dieses Berufsstudiums geschildert.

Aus dieser Abhandlung wird das Bild ganz klar. Der
Preußenkönig sagte zu G a s s e r, den er in die eben (1727)
begründete Kameralprofessur für Halle berief, man müsse
zwar Juristen haben, aber neben der rechtschaffenen und
wahren Jurisprudenz auch auf „Politica, oeconomica und
cameralia, so man im Lande würklich gebrauchen könnte",
Gewicht legen. Die jungen Beamten sollten nicht, wenn sie
in ihre Stellungen eintreten, „von v o r n anfangen", sondern
die Principia und Fundamenta des Cameral-Policey und
Oeconomie-Wesens mitbringen (S t i e d a S. 18).

Abgesehen von den einzelnen örtlichen Verschieden-
heiten erstreckte sich der neue Unterricht an den Universitäten (und besonderen später wieder eingegangenen Lehranstalten) im 18. Jahrhundert auf die Grundlagen der damaligen Staats- und Privatwirtschaften — Ackerbau und
Viehzucht, Forstwirtschaft, Hütten- und Bergwesen, Manu-

faktur- und Gewerbewesen. Dabei sind aber meist auch die historischen, philosophischen und juristischen Hilfswissenschaften und immer die Naturwissenschaften auf der Hochschule behandelt worden.

So sollte nach Lammprecht (Professor in Halle, Ende des 18. Jahrhunderts) das Studium umfassen:

I. Semester: 1. Die Enzyklopädie und Methodologie der Kameralwissenschaften. 2. Logik und Metaphysik. 3. Reine Mathematik. 4. Botanik. 5. Zeichnen.

II. Semester: 1. Allgemeine Weltgeschichte. 2. Physik. 3. Chemie. 4. Mineralogie. 5. Angewandte Mathematik.

III. Semester: 1. Landwirtschaft. 2. Natur- und Völkerrecht. 3. Berg- und Hüttenwesen. 4. Praktische Philosophie. 5. Europäische Staatengeschichte.

IV. Semester: 1. Technologie. 2. Der Staatslehre erster Teil und vornehmlich die Polizeiwissenschaft. 3. Deutsche Reichs- und vaterländische Geschichte. 4. Vieharzneikunde. 5. Baukunst.

V. Semester: 1. Europäische Statistik. 2. Deutsche und preußische Statistik. 3. Der Staatslehre zweiter Teil und vorzüglich Finanzwesen und auswärtige Politik. 4. Handlungswissenschaft. 5. Landwirtschaft.

VI. Semester: 1. Ökonomie- und Kameralrecht. 2. Deutsches Staatsrecht. 3. Technologie. 4. Philosophische Geschichte. 5. Enzyklopädische Wiederholung der Hauptwissenschaften.

Ein Entwurf für die Hohe Schule zu Bonn (1786) sieht vor:

I. Semester: 1. Jus naturae. 2. Mathematik: a) Algebra, b) Geometrie, c) Trigonometrie.

II. Semester: 1. Naturgeschichte. 2. Mathematik. a) Nivellieren und die Anwendung der im Winter gegebenen Teile der Mathematik.

III. Semester: 1. Kameral- und Finanzwissenschaft. 2. Mathematik: a) Mechanik, b) Hydraulik, c) bürgerliche Baukunst, insoweit sie nötig, ein Gebäude zu beurteilen.

IV. Semester: 1. Kameral- und Finanzwissenschaft. 2. Mathematik: a) die Art, wie ein Anschlag, b) Baurisse und geometrische Pläne zu verfertigen.

V. Semester: 1. Kameral- und Finanzwissenschaft.
2. Statistik.

VI. Semester: 1. Kameral- und Finanzwissenschaft.
2. Mineralogie und Metallurgie.

„In betreff des Planes für die Kameralwissenschaften kann zur Zeit nicht bestimmt werden, indem zu dieser Wissenschaft noch kein Professor angestellt ist."

Für die Kurfürstlich Mainzische Hohe Schule mit einer 6. Fakultät (der kameralistischen) hat der Vertreter der Kameralwissenschaften das Studium folgendermaßen empfohlen: Alle jungen Leute, die den Anspruch erheben, „Universal-Kameralisten" werden zu wollen, müßten sich zuvor mit den historisch-philosophischen und mathematischen Wissenschaften als Vorbereitungs- und Hilfswissenschaften |vertraut machen, ehe sie zu ihrer Hauptwissenschaft gelangten. Sodann sollten sie mit einer kurzen enzyklopädischen Unterweisung in allen Zweigen der Kameralwissenschaft beginnen, die sie den Überblick über das Ganze lehre und sie veranlasse, ihre Kräfte zu prüfen. Daran erst hätte sich das Studium der Hauptfächer in bestimmter Reihenfolge zu schließen, bei denen auf Acker-, Garten-, Wein-, Wiesenbau, Viehzucht, Geographie, Chemie, Physik, Mineralogie, Forstwissenschaft und ökonomische Botanik Gewicht zu legen wäre. Würden außerdem noch Spezialkollegia über Mechanik, Hydrostatik, Hydraulik, sämtliche Zweige der Baukunst usw. gelesen, so würden dieselben, wenn nicht allen, so doch vielen jungen Leuten nützlich sein.

Dieser Unterricht hat bis in die Mitte des vorigen Jahrhunderts an den deutschen und mehreren ausländischen Universitäten bestanden; er ist aber allmählich immer weiter zurückgedrängt worden und schließlich verkümmert; die heutige Volkswirtschaftslehre der Universitäten ist das letzte Produkt der Entwicklung. Es würde zu weit führen im einzelnen nachzuweisen, wie die Verschiebung vor sich gegangen und was die treibenden Kräfte waren.

Es zeigt sich jedenfalls bei einem Vergleich mit dem heutigen Lehrplan der Verwaltung — der in erster Linie auf privatrechtliche und strafgesetzliche Schulung gerichtet ist (weil er ja mit dem der Rechtspflege zusammenfällt) —, daß gerade diejenigen Unterrichtsfächer ausgefallen sind, die für das 18. Jahrhundert bestimmend waren. Die Kameralia sind verschwunden — und haben an den Technischen Hochschulen neue Lehrstätten und neue Pflegestätten gefunden.

Es ist unverkennbar, daß die Männer des 18. Jahrhunderts als Berufsbildung der Verwaltungsbeamten das erstrebt haben, was wir heute ein rechtswissenschaftlich-technisch-wirtschaftliches Studium nennen könnten. Und ein solches Studium ist auf der Technischen Hochschule mindestens ebensogut möglich, als auf einer Universität. Sachliche und organisatorische Schwierigkeiten sind nicht vorhanden.

An einer technischen Hochschule besteht schon eine Studienrichtung, die — einem Bedürfnis der Kommunal- und Industrieverwaltungen entsprechend — die Vorbildung von Verwaltungsingenieuren als Ziel hat.

Die jungen Leute (ausnahmslos Maturi der drei höheren Schulen, darunter in großer Zahl Abiturienten der humanistischen Gymnasien) werden zu 'diesem Studium nur zugelassen, wenn sie vordem ein Jahr lang in einem größeren Unternehmen der Industrie werktätig gewesen sind. Ihr Studium erstreckt sich auf mindestens acht Semester; sie müssen also fünf Jahre auf die wissenschaftliche Vorbereitung zu ihrem Beruf verwenden. Der Hochschulunterricht umfaßt in den ersten vier Semestern die mathematischen und naturwissenschaftlichen Grundlagen, die Technologie, die Mechanik und die Volkswirtschafts-lehre. Dieser Teil wird mit einer ersten Prüfung abgeschlossen (Vorprüfung). Beim zweiten, gleichlangen Teil liegt das Schwergewicht auf der Schulung in der Energie-umsetzung, der Kraft-Gewinnung, -Verteilung und -Verwertung auf dem umfangreichen Gebiet der Industrie.

In organischer Verbindung mit diesem Unterricht, der immer auf die wirtschaftlichen Ziele gerichtet bleibt, steht ein Unterricht im Staats- und Verwaltungsrecht, im bürgerlichen Recht und der Spezialgesetzgebung für Gewerbe und Handel, in den Sozialgesetzen und dem Arbeiterschutz. Die Volkswirtschaftslehre wird fortgesetzt (Wirtschaftspolitik). Die Finanzwissenschaften reihen sich an (mit Steuerpolitik). Bank-, Börsen- und Handelsgeschäfte werden seminaristisch behandelt. In weiterer Verbindung stehen hiermit Baurecht und Baukonstruktionen, die Verwaltungshygiene, Geschichts- und Sprachenunterricht. Auch dieser Teil wird durch eine Prüfung abgeschlossen (Diplomhauptprüfung).[1]

Man wird zugeben müssen, daß die Ansicht der preußischen Regierung, es könne für die Verwaltung „naturgemäß" nur die Universität in Frage kommen, nicht mehr zutreffend ist. Ich glaube, man würde — ganz abgesehen von der geschichtlichen Entwicklung (welche die Kameralia an die Technische Hochschule geführt hat) — zu einer anderen Beurteilung des hier betriebenen Unterrichts kommen, wenn man neben dem Namen und dem Inhalt der einzelnen Unterrichtsfächer auch den inneren Wert des ganzen Unterrichts bemessen würde — wenn man den Unterrichtsbetrieb berücksichtigen wollte. Der Unterricht der Ingenieure unterscheidet sich zunächst schon äußerlich dadurch von dem der Juristen, daß der Student das ihm Vorgetragene, die Lehre, durch eigene

---

[1] Im Hinblick auf einen von dem verstorbenen Staatssekretär v. Richthofen hervorgehobenen Mangel der juristischen Vorbildung muß noch erwähnt werden, daß kein Diplomingenieur dieses Studium verläßt, der nicht ausreichende Kenntnisse in der französischen oder der englischen Verkehrssprache nachweist. Richthofen hatte gesagt, daß die Assessoren, die er für den Dienst der auswärtigen Angelegenheiten zugewiesen erhalte, weder englisch schreiben noch französisch lesen könnten.

Arbeit im Laboratorium und dem Konstruktionssaal, durch
graphische und rechnerische Behandlung vertieft und dabei fortschreitend sich selbst zum Mitarbeiten erzieht. Es
ist nicht das Wissen, sondern das Können oberstes
Ziel. Die Technik führt von selbst immer auf die Anwendung des Wissens; der Student, der jahrelang sich
mit den Gesetzen der Natur beschäftigt und vorwiegend
an diesen seinen Geist bildet und seinen Verstand schärft,
wird als Abschluß seiner Arbeit immer wieder auf die
Anwendung des Wissens geführt; nicht nur Rezeption,
sondern immer auch Produktion ist das Unterrichtsresultat.
Und das ist zugleich auch eine Erziehung zur Initiative, zur selbständigen Arbeit. Dieser Unterricht
wird nun bei dem besonderen Studiengang der Verwaltungsingenieure noch mit den vorgenannten Materien ver-
breitert und ergänzt durch die Unterweisungen in den
Rechts-, Gesellschafts-, Wirtschafts-Wissenschaften. Und
in den fünf Jahren seiner wissenschaftlichen Vorbereitung,
in denen Theorie und Praxis immer in Wechselwirkung
stehen, sieht der Student auf zahlreichen Exkursionen
immer wieder die Wirklichkeit — das Leben. „Lebensfremd" verläßt er seine Hochschule sicherlich nicht.

Das Studium auf den Technischen Hochschulen wird
nach der übereinstimmenden Ansicht aller Kenner als
ernst bezeichnet; es herrscht unter der Studentenschaft
ein reger Eifer und wirkliches Interesse an „ihrer" Wissenschaft; es wird studiert, das ist die Hauptsache.

Daß die kameralistischen Fächer in dem Universitäts-
unterricht hinter dem privat-, straf- und prozeßrechtlichen
in den Hintergrund getreten und allmählich wieder verschwunden sind, ist im wesentlichen auf zwei Ursachen
zurückzuführen.

Neben der alten hochangesehenen Jurisprudenz hatten
die jungen Disziplinen einen schweren Stand; sie wurden
um so rascher hinausgedrängt, je mehr sich die neuen
Pflegestätten entwickelten, die ihnen außerhalb der Universität bereitet wurden. Land- und Forstwirtschaft, Tech-

nologie, Bergbau usw. ließen sich nicht gleichzeitig an zwei Unterrichtsanstalten zur Entwicklung bringen. Man konnte aber die Kandidaten der Verwaltungsämter auch nicht in den Fächern prüfen, wenn ʳder entsprechende Unterricht auf der Universität nicht auf der Höhe gehalten werden konnte. Dazu scheinen die Juristen von vornherein der Einfügung der neuen Fächer unfreundlich gegenübergestanden zu haben. In einer „Systematischen Theorie der Kameralwissenschaften" (von Rüdiger) muß der Verfasser die neuen Wissenschaften noch im Jahre 1777 gegen die Juristen in Schutz nehmen, welche der Ansicht sind, daß Kameralisten verdorbene Juristen seien. Die Juristen meinten auch, es bedürfe des Unterrichts nicht — gesunder Menschenverstand und einige wirtschaftliche Begriffe seien ausreichend. Mit Fachjuristen wurden ja von früh her viele Ämter [besetzt; es läßt sich daher verstehen, daß die Schwierigkeiten größer wurden, je weiter das juristische Element sich ausbreitete. Die ältere Generation einer Beamtenschaft — das läßt sich auch heute beobachten — ist stolz auf „ihre" Hochschule, auf „ihre" Wissenschaft. Die ehemaligen Juristen erkennen die Mängel ihrer Bildung nicht in den Grenzen der Jurisprudenz, sondern in der Form des Unterrichts — die Professoren taugten nichts. Und diesem Urteil kommt natürlich eine um so größere praktische Bedeutung bei, als es gerade diese Akademiker wieder sind, die „in Gesetzgebung, Rechtsprechung, Verwaltung gleichmäßig dominieren und das ganze Wohl und Wehe der Volksgemeinschaft in Händen haben". Man braucht deshalb [auch die innere Berechtigung des von Landtag und Regierung angenommenen Standpunktes nicht ohne weiteres anzuerkennen, daß die Universität die einzige Hochschule der Verwaltung sei; es ist dies um so weniger am Platz, als der Widerspruch des Systems schließlich immer tiefer geht. Die Freunde des bisherigen Systems — das die erste juristische Prüfung als unerläßliche Vorbedingung hinstellt — geben zwar zu, daß das Übermaß an Jurisprudenz schädlich werden kann, daß die

Verbindung in der Vorbildung für die beiden ganz verschiedenen Berufe in einem möglichst frühen Zeitpunkt
gelöst werden müsse, daß in weitem Umfange auch technisch wirtschaftliche Intelligenz dem Beamtenkörper zugeführt werden müsse, sie wollen aber den weiteren Schritt
nicht unternehmen, weil sie damit ein der juristischen
Schule zugestandenes Recht verletzen würden. Die „erste
Hypothek" solle bedroht sein und die müsse selbstverständlich bestehen bleiben.

Soviel Respekt auch diese Meinung beanspruchen
darf — ihre Vertreter glauben Treue zu halten —, so entschieden muß sie bekämpft werden.

Es ist wirklich kurzsichtig und engherzig zugleich,
sich auf vermeintliche Rechte zu stützen, wo das Wohl
und Wehe der ganzen Volksgemeinschaft so nahe berührt
wird. Eine „erste Hypothek" ist der juristischen Univer-
sitätsbildung niemals eingeräumt worden. Die Jurisprudenz
hat eine Lücke ausgefüllt und hat sich hier um so mehr
ausdehnen können, je länger diese unausgefüllt blieb. Daß
sie zurücktreten muß, sobald der Ersatz kommt, ist selbstverständlich. Man bedenke doch auch die unheilvolle
Einwirkung, die das jetzige System auf die Justiz nehmen
muß. Verwaltung oder Rechtspflege, eine von beiden Institutionen muß Schaden leiden.

Konservativ sein, heißt das Alte, Erprobte, rechtzeitig
ändern.

Erprobt ist nur der Grundsatz, daß zur Tätigkeit der
Verwaltung juristische Einsicht und Gesetzeskenntnis
gehört, daß der Organismus der Verwaltung von juristischer Intelligenz durchsetzt sein muß. Veraltet ist aber
und schädlich für die staatliche Entwicklung, daß alle
Verwaltungsbeamten erst Juristen werden müssen, daß die
juristische Schulung auch denen aufgezwungen werden
müsse, deren Anlagen durch vorwiegende Beschäftigung
mit juristischen Materien nicht entwickelt werden können.
Dringend ist es deshalb, die nötige Änderung jetzt vor-
zunehmen. Die Möglichkeit ist vorhanden, den ganzen,

großen Widerspruch aufzuheben unter Bewahrung des ersten Grundsatzes. Durch eine einfache Maßregel kann innerhalb eines Menschenalters der Organismus ohne Verletzung des konservativen Prinzips den Forderungen der Zeit wieder angepaßt werden. Man lasse nur die neue Hochschule, die gleichwertig und gleichberechtigt neben die alte Universität getreten ist, teilnehmen an der Vorbildung. Man öffne auch den Akademikern dieser Hochschule die Laufbahn in der Verwaltung.

Verwaltungsingenieure neben Verwaltungsjuristen, das ist die Lösung.

Wie bei der bereits erfolgten Reform der Mittelschulbildung zur Wahrung des konservativen Standpunktes das humanistische Gymnasium als die beste Vorstufe zum juristischen Studium bezeichnet wurde, so könnte auch hier das dreijährige juristische Studium als die beste Grundlage für die praktische Vorbereitung zum Berufe der Verwaltung bezeichnet werden; daneben aber müßte das langjährige Studium an einer Technischen Hochschule, das mit der Diplomprüfung für Verwaltungsingenieure abschließt, als ein gleichfalls gangbarer Weg bezeichnet werden.

Auf einmal könnte der gewaltige Druck weggenommen werden, der jetzt auf dem Studium der Jurisprudenz und über denjenigen jungen Leuten lastet, die mehr „real als abstrakt", „mehr praktisch als theoretisch" veranlagt sind. Kein Verwaltungsbeamter mehr brauchte die Stunden als „verlorene Zeit" zu bedauern, die er in den Hörsälen zugebracht, und das Stümpertum müßte auf das unvermeidliche Maß zurückgehen. Ein großer Nachwuchs stände zur Verfügung, aus dem die besten Köpfe könnten ausgewählt werden, ein Nachwuchs, der „lebensfremde" Elemente nicht mehr enthalten kann.

Kein neues Gesetzgebungswerk, keine Parlamentsdebatten sind nötig — nur eine Verordnung:

„Zur praktischen Ausbildung in den Geschäften der höheren Verwaltung werden die Regierungspräsidenten ermächtigt, auch solche Diplomingenieure der Technischen Hochschule zuzulassen, welche neben einer technisch-kameralistischen Vorbildung gute Kenntnisse in den Fächern des Staats- und Verwaltungsrechts (auch des bürgerlichen Rechts) nachgewiesen haben. Diejenigen Verwaltungs-ingenieure, welche sich nach mehrjähriger Vorbereitung als befähigt für den Dienst in der höheren Verwaltung erwiesen haben, können zur Laufbahn im Staatsdienste übernommen werden."

Ist die Universität die einzige Hochschule der Verwaltung?

Die Anfänge des studierten Beamtentums fallen in eine Zeit, als Deutschland nur eine Hochschulform kannte — die Universität. Mit ihrer gegebenen Organisation mußte diese Pflegestätte der Wissenschaften vom Beginn des 18. Jahrhunderts an auch die Vorbildung zu dem Beruf der Verwaltung übernehmen. Der Beruf verlangt neben der Einsicht in die Rechtsordnungen in erster Linie staatswirtschaftliche Bildung. Diese wurde — nach den Bedürfnissen der einzelnen Staaten verschieden — durch einen umfassenden Unterricht ermöglicht. Mit einer großen Anpassungsfähigkeit hat die Universität bis in das vorige Jahrhundert hinein viele wissenschaftliche Grundlagen vermittelt, welche die Tätigkeit auf dem immer wachsenden Gebiete der Verwaltung erforderte. Bemerkenswert sind die Pflege der naturwissenschaftlichen Vorbildung, der Unterricht in der Anwendung der Naturerkenntnis, die Einführung in die Erschließung der Naturschätze und das Studium der Gewerbetätigkeit.

Man erkennt das Bestreben, den zukünftigen Vertretern des Staates das notwendige Verständnis für Land und Leute zu vermitteln. Das geht auch aus den Bestimmungen hervor für die Prüfungen, mit denen das Berufsstudium abgeschlossen wurde. So sagt z. B. eine Verordnung vom Jahre 1829 (Sachsen-Meiningen), daß der Kandidat für den höheren Verwaltungsdienst eine gründliche und umfassende Kenntnis nachweisen müsse in einem der Fächer: Landwirtschaft, Mineralogie nebst Bergbau, Mathematik mit Mechanik, Baukunst, Chemie und Technologie. Die Verordnung enthält auch den Hinweis, daß der Kandidat sich statt durch griechische Sprachkenntnisse durch gründliche Kenntnis lebender Sprachen empfehlen würde. Technologie, Gewerbekunde, Land- und Forstwirtschaft sind häufig wiederkehrende Fächer in den Prüfungsordnungen der verschiedenen Staaten.

Um eine möglichst weitgehende Anpassung zu erreichen, werden vereinzelt auch besondere Einrichtungen getroffen; das Anwendungsgebiet der für die Verwaltung besonders wichtigen Erkenntnis wird unter der Bezeichnung Cameralia zusammengefaßt (Schaffung besonderer Lehrstühle), den vorhandenen Fakultäten wird eine neue staatswirtschaftliche Fakultät hinzugefügt — für Regiminalisten, Kameralisten, Forst- und Bergleute.

Diese Berufsbildung tritt aber im Laufe des vorigen Jahrhunderts immer mehr hinter der juristischen Bildung zurück. Und schließlich wird überall die Vorbildung der Verwaltung mit derjenigen der Rechtspflege vereinigt. Ein besonderes Hochschulstudium für die Verwaltung gibt es nicht mehr, die zukünftigen Verwaltungsbeamten müssen die Rechte studieren und die juristische Prüfung bestehen, ebenso wie die zukünftigen Richter.

Für die vorstehende Frage sind die Gründe dieser auffälligen Verschiebung von besonderer Wichtigkeit. Und da ist zunächst hervorzuheben, daß diese nicht etwa in der Einsicht beruhen, die bisherige Betonung der naturwissenschaftlichen und wirtschaftlichen Gebiete, der Kameralia und der Staatswissenschaften sei nicht mehr nötig, oder es sei eine längere und eingehende Beschäftigung mit dem Rechtsstoff erforderlich, dessen Behandlung alle anderen Unterrichtsgebiete überflüssig mache. Das war schon deshalb ausgeschlossen, weil die erstgenannten Wissenschaften in ihrer Bedeutung für das Staatsleben

und den praktischen Verwaltungsdienst weit rascher gewachsen sind als die Jurisprudenz. Zu einer Vertiefung
des juristischen Unterrichtes für Verwaltungsbeamte ist bis
auf unsere Tage kein ernstlicher Versuch gemacht worden.
Nicht einmal die Verlängerung der Studienzeit ist überall
durchgeführt. Auch der innere Wert eines vorwiegend
juristischen Unterrichtes ist hier nicht entscheidend gewesen. Daß die Beschäftigung mit juristischen Disziplinen
das „logische Denken" des Studierenden in hervorragen-
dem Maße stärke, daß die Jurisprudenz einen besonderen
Wert für die Geistesbildung des Menschen besitze, ist
früher nicht besonders betont worden. Die Loblieder sind
erst später gedichtet worden. Vielmehr haben äußere Umstände Veranlassung gegeben, auf eine besondere Vorbildung der Verwaltungsbeamten zu verzichten und diese
mit der Vorbildung der Rechtspflege zu vereinigen. Da
waren es die Ersparnisse durch Vereinfachung der Unter-
richtseinrichtungen — die Justiz bildete das große „Re-
servoir", das alle Ämter versorgen sollte. Dort ist deutlich das Bestreben bemerkbar, den Berufsstand zu heben
durch Angliederung an die vornehmere und größere Justiz.
Ausschlaggebend war aber überall der Umstand, daß die
Universität gerade diejenigen Wissensgebiete verkümmern
lassen mußte, welche Voraussetzung einer eigenartigen
und zeitgemäßen Berufsbildung der Verwaltung sein mußten.
Als der Preußenkönig zum ersten Male von seinen Kammerreferendarien akademische Studien verlangte, wollte er
Staatswirte, nicht Juristen erziehen. Staatswirtschaft
stand im Vordergrunde. Die Entwicklung, welche die Vorbildung der Verwaltungsbeamten in den verflossenen zwei
Jahrhunderten genommen hat, hat dieses Ziel vorüber-
gehend in Vergessenheit gebracht. Schon gewinnt aber
die Einsicht an Boden, daß das Studium der Jurisprudenz
auf einen toten Strang geführt hat. Das Ziel muß von
neuem aufgesteckt und höher gerichtet werden. Und dabei muß die zweite Hochschule, die ergänzend neben die
erste getreten ist, mithelfen. Denn diese, die Technische

Hochschule, ist die vorherbestimmte Pflegestätte eines
weiten Wissenschaftsgebietes, das für die moderne Staatsleitung ganz unentbehrlich geworden ist, und das auch
die verloren gegangene kameralistische Vorbildung
wieder ermöglicht. Der Unterricht an den Technischen
Hochschulen schließt die Kameralia ein. Wenn auch unter
anderen Bezeichnungen, so haben auch alle anderen Zweige,
die ehedem zu einem vollkommenen Verwaltungsunterricht
gezählt wurden, schon jetzt eine solche Ausdehnung gewonnen, daß für die größten Teile der heutigen Staatsverwaltung die Vorbildung an den Technischen Hochschulen ermöglicht ist. Interessant ist dieserhalb ein Vorschlag, der zum ersten Male die Konsequenzen aus den
veränderten Verhältnissen zieht. Landgerichtsrat a. D.
Dr. jur. Ortloff, ehemals Professor der Rechte an der
Universität Jena, sagt in seinem 1903 erschienenen Buche
„Das Studium der Rechts- und Staatswissenschaften" (Halle,
Waisenhaus): „Für die Erlernung der sog. kameralistischen
Fächer dienen jetzt die in großer Anzahl vorhandenen
höheren Technischen und Polytechnischen Hochschulen,
die keine Berührung mit den Fakultäten der Rechts- und
Staatswissenschaft der Universitäten haben. Die für die
Erlangung des Dr.-Ing. erforderten Prüfungen könnten
auch für die Erlangung eines in jene Gebiete fallenden
Staats- oder sonst öffentlichen Amtes maßgebend werden."
Und weiter (S. 39): „Dem höheren Studium der Staatswissenschaft sollte ein auf zwei Semester beschränktes
kameralistisches Vorbereitungsstadium vorangehen, und
zwar, sofern die einzelne Universität dazu weniger Gelegenheit bietet, auf einer höheren landwirtschaftlichen
und technischen Lehranstalt, Berg- und Forstakademie..."
Wären diesem Autor die Einrichtungen und vor allem
der ganze Unterrichtsbetrieb der Technischen Hochschule
bekannt geworden, so würde er in seinem Vorschlage
wohl noch weiter gegangen sein. Wie schon aus der kurzen
Anführung zu ersehen ist, wird die Hochschule nicht voll
gewertet. Das ist nicht anders zu erwarten. Es wird

allen, die durch die juristische Schule (und die humanistische Vorschule) gegangen sind, schwerfallen, den
inneren Wert der auf Naturerkenntnis aufgebauten technischen und wirtschaftlichen Schulung zu erkennen. Ein
Irrtum, der besonders weit verbreitet ist, betrifft die staatswissenschaftliche Bildung. Die Staatswissenschaften werden
für eine Domäne der Universität gehalten; nur der Universitätsstudent könne staatswissenschaftliche Bildung erwerben. Wie sind denn die Staatswissenschaften begrenzt?
Kann Staatsrecht nur in einem Universitätsauditorium
gelehrt werden? Sollte die Volkswirtschaft nur auf der
Grundlage humanistisch-juristischer Vorbildung verständlich sein? Sind die Finanzwissenschaften nicht auch in
naturwissenschaftlich - technischem Geiste zu verstehen?
An der Charlottenburger Hochschule (ähnlich auf anderen
Hochschulen) ist ein umfangreicher Unterricht auf diesen
Gebieten eingerichtet.

Staatsrecht liest derselbe Lehrer, der diese Disziplin
an der Universität Berlin vertritt. Volkswirtschaft gehört
zu den Unterrichtsgegenständen der ersten Semester; der
Unterricht erstreckt sich über zwei Jahre (Volkswirtschaftspolitik —praktische Übungen); er ist verbindlich für einen
großen Teil der Studierenden, die bereits nach vierseme-
strigem Studium eine Prüfung in diesem Wissensgebiet ablegen müssen. Finanzwissenschaft ist Gegenstand der
Hauptprüfung. Hier ist auch der Beweis erbracht, daß
es möglich ist, in einem vierjährigen ernsten Studium
neben den engeren technischen Disziplinen ein reiches
Maß von Kenntnissen aus dem ganzen Gebiet des Rechtes
zu vermitteln — jene Übersicht über die Rechtsordnungen,
wie sie für die Tätigkeit des Verwaltens erfordert wird.
Eine Gruppe von Studierenden der Abt. III legt eine
Hauptprüfung (zwei Jahre nach der Vorprüfung) ab, in der
die Grundzüge des bürgerlichen und des öffentlichen
Rechtes, große Teile der Spezialgesetzgebung (Bau-, Ge-
werbe-, Handelsrecht), volkswirtschaftliche und finanz-
wissenschaftliche Kenntnisse verlangt werden. Auch über

ihre Kenntnisse fremder Sprachen müssen sich die Kandidaten ausweisen. Die Prüfung ist für Ingenieure bestimmt, die sich den neuzeitlichen Aufgaben der Industrie- und der Gemeindeverwaltung widmen wollen (Verwaltungsingenieure). Wer beobachtet, mit welchem tiefen Ernst die jungen Ingenieure sich diesen Gebieten zuwenden, muß jedenfalls die Überzeugung gewinnen, daß dieser Weg gangbar ist. Die Einfügung dieses staatswissenschaftlichen Unterrichtes hat keine Belastung gebracht und wird vielfach als ein erleichternder Ausgleich gegen die schwereren konstruktiven Studien empfunden. Ich glaube, daß ein solches Studium an technischen Hochschulen, das im übrigen noch viel von staatswissenschaftlichem Inhalt hat, sehr wohl geeignet wäre, dem juristischen an den Universitäten gleichgestellt zu werden. Ich gehe deshalb nur einen Schritt weiter als Ortloff, wenn ich verlange, daß ein Teil des Nachwuchses in der höheren Verwaltung den technischen Hochschulen entnommen wird. Verwaltungsingenieure neben Verwaltungsjuristen. Warum soll einem jungen Verwaltungsingenieur, der vier Jahre auf ein ernstes Studium verwendet hat, wie es vorstehend angedeutet ist, und der die Absicht kundgibt, seine Kräfte in den Dienst der höheren Verwaltung zu stellen, das verweigert werden, was einem Referendar mit dreijährigem Studium der Rechte gestattet wird?

Ich weiß sehr wohl, daß die technische Hochschule ebensowenig wie die Universität eine volle Berufsbildung der höheren Verwaltung bieten kann; es ist überhaupt zweifelhaft, ob man bei einer Tätigkeit, die sich über so weite Gebiete menschlicher Erkenntnis erstrecken muß, von einer theoretisch-wissenschaftlichen Berufsbildung reden kann. Was bedeuten denn ein paar kurze Studienjahre in der intellektuellen Entwicklung des Menschen? Für die Tätigkeit des Verwaltens kommt es vielmehr auf die Erfahrung an, also auf die praktische Vorbereitung. Um so mehr scheint es mir deshalb nötig, den Ersatz

nicht einseitig zu beschränken und damit eine Quelle zu
verschließen, aus der das Staatsleben der nächsten Zukunft noch viel zu erwarten hat. Auch darüber gebe ich
mich keiner Täuschung hin, daß die Einzellandtage kein
Gesetz bewilligen werden, das die technische Intelligenz
der juristischen gleichstellen wird. In Preußen ist im
vorigen Jahre ein Gesetz über die Befähigung für den
höheren Verwaltungsdienst votiert worden, das die Zulassung zur Laufbahn an das Bestehen der juristischen
Prüfung bindet. Eine Änderung dieses Gesetzes ist nicht
zu erwarten. Und doch scheint es mir nötig, darauf zu
dringen, daß den Ingenieuren wenigstens die Möglichkeit geboten wird, nach ihrem Studium sich in den Geschäften der allgemeinen Landesverwaltung weiter zu bilden.
Denn hier beginnt der wesentliche Unterschied zwischen
Ingenieur und Jurist in ihrem Werte für die Aufgaben der
Verwaltung auf allen Gebieten des Reiches, der Staaten
und der kommunalen Verbände. Nicht eher wird die
Meinungsverschiedenheit schwinden, als bis junge Verwaltungsbeamte unter gleichen Voraussetzungen miteinander verglichen werden können. Ich glaube, daß Ingenieure, die nach ihrem Studium 2—3 Jahre bei den staatlichen Verwaltungsstellen Einsicht in den Organismus der
Behörden gewonnen, Erfahrungen gesammelt und Gewandtheit im Geschäftsverkehr erlangt haben, ihren Weg zu
den vielen kommunalen Verwaltungen nehmen werden,
die an keine Gesetzesschranke gebunden sind. Dem Beispiel der Gemeinden wird der Staat folgen.

Die technischen Hochschulen können ihre Mission
nicht begrenzen mit der Erziehung guter Baumeister, Konstrukteure und Spezialisten der verschiedensten Zweige
der Technik; aber auch die aus ihnen hervorgehenden
Ingenieure werden sich weitere Gebiete erst erobern
müssen.

Für die Ausführung des Vorschlages bleibt noch ein
wichtiger Schritt zu tun — eine Aufgabe der großen technischen Verbände. Dem Ingenieur wird man die staat-

lichen Bureaus und die Stellen, an denen er sich Ge-
schäftsgewandtheit erwerben kann, nicht öffnen; er würde
vergeblich anklopfen. Es ist deshalb nötig, daß die Staatsregierung den Vorständen der Staatsämter grundsätzliche
Genehmigung erteilt, nach ihrer Auswahl einzelnen Ingenieuren mit abgeschlossener Hochschulbildung den Eintritt in die staatlichen Verwaltungsstellen zum Zwecke
einer längeren praktischen Vorbereitung zu ermöglichen.
Diese Erlaubnis müßte von den großen Verbänden der
technischen Intelligenz erwirkt werden. Die deutschen
Regierungen werden die Erlaubnis nicht gerne geben,
jedenfalls nicht auf Antrag eines einzelnen. Den jüngeren
Kollegen muß der Weg aber erst gebahnt werden. Vorbild müßte uns das eifrige Eintreten der älteren, auf den
Universitäten vorgebildeten Verwaltungsbeamten für ihre
jüngeren Kollegen sein. Um den letzteren die „erste Hypothek" zu sichern, wird viel Mühe und Arbeit aufgewendet.
Die Zulassung von einem Verwaltungsingenieur oder Dr.-
Ingenieur) bei jeder Bezirksregierung würde übrigens die
Bestrebungen der staatswissenschaftlichen Fortbildung für
juristisch vorgebildete Beamte fördern können und vielleicht schon aus diesem Grunde geboten sein. —

Die Tüchtigsten.

Auf Parteikongressen wurde in letzter Zeit wiederholt geäußert, künftig dürften in der höheren Verwaltung nur noch die Tüchtigsten Platz finden, die Tüchtigsten d e r ganzen Volksgemeinschaft natürlich — die stärksten Persönlichkeiten, die fähigsten Köpfe. Befähigung für die Aufgaben der Staatsleitung im großen und im kleinen, das sollte erstes Ziel sein.

Ob das durchführbar sein wird? Der vortrefflichen Absicht stehen jedenfalls sehr große Hemmnisse im Wege. Ich will auf eins derselben aufmerksam machen.

Die Befähigung für die vielgestaltigen Aufgaben der Verwaltung ist abhängig von besonderen Anlagen, die — wie in allen Berufen — so auch hier durch Schulung geweckt und gefördert werden können; der wertvollste und wirksamste Teil der Schulung liegt in der praktischen Betätigung. Ein ganzer Mann, ein fester Charakter, Taktgefühl und gesunder Menschenverstand, das ist das Rezept. Friedrich Wilhelm I. verlangte „munteres Wesen und hellen Kopf". Verwalten ist aber kein Fach; es gibt daher kein Fachstudium im engeren Sinne, das alle wissenschaftlichen Grundlagen vermitteln könnte, wie zum Beispiel das Studium der Theologie, der Medizin, der Architektur. Zum Verwalten ist kein Fachwissen nötig, aber doch eine gründliche Übung in wissenschaftlicher Arbeit. Der Verwaltungsbeamte muß akademisch gebildet

sein; er sollte sich in akademischer Art Einblick verschafft
haben in mehrere Erkenntnisgebiete, die das Recht und
das Wirtschaftsleben der Zeit beherrschen. Diese Forderung
besteht seit Schaffung des studierten Beamtentums. Man
wollte vordem Staatswirte haben, die das Wirtschaftsleben
in dem Rahmen des Rechtsstaates leiten konnten. Durch
merkwürdige Umstände aber ist das Hochschulstudium
der Verwaltungsbeamten ganz aufgegangen in dem Fachstudium der Richter und Rechtsanwälte. Nun sind bald
hundert Jahre vergangen seit der Trennung von Rechtspflege und Verwaltung. Und die letztere ist doch noch
untrennbar verkoppelt.

Wir leben in einer Zeit, die diese widersinnige Verbindung bereits als K a r i k a t u r eines Berufsstudiums erkennen läßt. Trotzdem aber hängt die öffentliche Meinung,
auch die Meinung der Volksvertretung und der Regierungen,
am juristischen Studium. Das neunzehnte Jahrhundert hat
unter Ausschaltung des wichtigsten Zieles einer wirklichen
Berufsbildung die Begriffsverbindung zwischen der Jurisprudenz und den Wissenschaften der Verwaltung so ge-
festigt, daß sich unsere Zeit von dem Phantom nicht mehr
freimachen kann. Wir sehen in jedem, der einmal bei
einer juristischen Fakultät eingeschrieben war, den Mann,
der eo ipso für alle Aufgaben der höheren Verwaltung
befähigt ist. Besonders bezeichnend ist dabei noch die
Ansicht, daß der Einblick in die Rechtsordnungen und
die Kenntnisse auf weiteren Gebieten des Rechts, wie sie
für jede Verwaltungstätigkeit erforderlich sind, nur durch
das offizielle Studium an der Universität gewonnen werden
können. Die U n i v e r s i t ä t wurde noch vor kurzem in
einer preußischen Gesetzesvorlage als die e i n z i g e H o c h -
s c h u l e bezeichnet, die Verwaltungsbeamte vorbilden
könne. „Naturgemäß" solle es sein, daß der ganze Nachwuchs auf der Universität studiere. Daß das zwanzigste
Jahrhundert neben der Universität noch andere Hochschulen hat, die in Verstandesschulung und Geistesbildung,
in Unterrichtsbetrieb und Anpassungsfähigkeit der Uni-

versität gleichwertig geworden, das scheint übersehen zu
sein. In mehrjährigen Verhandlungen über eine der wichtigsten Fragen der staatlichen Entwicklungen ist keine
andere Ansicht laut geworden als die: Die Universität ist
die einzige Hochschule der Verwaltung; sie allein kann
die Männer schulen, die zu Führern der Nation berufen
sind. Das Gesetz „über die Befähigung für die höhere
Verwaltung", das ja auch die liberalen Parteien gutgeheißen
haben, schließt alle Akademiker von der Laufbahn in der
höheren Verwaltung aus, die nicht drei Jahre bei einer
juristischen Fakultät eingeschrieben waren und die erste
juristische Prüfung bestanden haben.

Wäre es nun nicht die Aufgabe einer liberalen Partei,
das Vorrecht, die „erste Hypothek", wie es bezeichnet
wurde, wieder einmal auf ihren Titel zu prüfen? Man
könnte doch zu der Einsicht kommen, daß das ganze
System unserer Beamtenerziehung nicht mehr zeitgemäß, daß es vielleicht ganz verfehlt ist.

Und ist es überhaupt klug gehandelt, alle jungen
Leute, die „die Fähigkeit besitzen, praktisch gestaltend in
die Verhältnisse des Lebens einzugreifen", und ihrer Neigung entsprechend auf einer anderen Hochschule studieren,
von der Laufbahn auszuschließen — nur deshalb auszuschließen, weil sie nicht schon mit Beginn ihres Hochschulstudiums zur Zunft gegangen sind? Es gibt außer
den Universitäten noch andere Hochschulen, die an Staatswissenschaft mehr lehren, als ein Student aufnehmen
kann, und an diesen Hochschulen wächst eine Studentenschaft, die doch auch noch einige fähige Köpfe enthält.
Weshalb will man sie nicht haben? Weshalb sucht man
die „Tüchtigsten" nur unter den Studierenden der Rechtswissenschaft?

Oder glaubt man etwa wirklich noch, daß einzig und
allein die juristische Schule — in drei Jahren — Talente
für die Staatsleitung zur Entfaltung bringt? Wenn es
wirklich wahr wäre, daß bei keinem Studium so viel gebummelt wird, bei keinem das Einpaukertum so herrscht

wie bei dem juristischen (dem Studium der höheren Verwaltung), daß nirgends die wissenschaftliche Schulung so
weit außerhalb der Hochschule liegt, so müßte es doch
ganz unverständlich bleiben, weshalb allein der Referendar
fähig sein sollte, sich in der Schule der Praxis weiter zu
bilden. Man hat doch längst eingesehen, daß es nicht
der kurze Aufenthalt an der Universität ist, der den
Referendar zum Verwaltungsbeamten macht. Die aus der
juristischen Schule hervorgehenden Akademiker werden
gute Verwaltungsbeamte, — nicht weil sie die Rechte
„studiert" haben, sondern weil nur ihnen bei den Bezirksregierungen, den Landratsämtern, den Magistraten und
vielen anderen Stellen die Schule der Praxis geöffnet
wird; eine vorzügliche Schule, die allen anderen
Akademikern verschlossen bleibt.

Der Berufsstand, der „praktisch das Wohl und Wehe
der ganzen Volksgemeinschaft in der Hand hat", hat dieses
Recht nicht etwa deshalb, weil die für die höhere Verwaltung Fähigsten sich nur in der juristischen Fakultät
einschreiben lassen, sondern weil Volksvertretung und
Regierung (die vorwiegend aus Akademikern gleicher
Schule zusammengesetzt sind) mit Unrecht die juristische
Schule als die einzige vorhandene Grundlage betrachten
Ich brauchte nur einige Beispiele aus jüngster Zeit anzu-
führen, um daran zu erinnern, daß Verständnis für die
Aufgaben der Staaten, für Ziele des Reiches, daß Arbeitslust und Vaterlandsliebe auch bei Persönlichkeiten hoch
entwickelt werden können, die nicht bei einer juristischen
Fakultät eingeschrieben waren. An die Spitze der Verwaltungen im Reiche und in den einzelnen Staaten, in
den Städten und vielen anderen Verbänden werden Männer
berufen, die die erste juristische Prüfung nicht bestanden
— die sie nicht einmal versucht haben! Und da will man
behaupten, man könne am Beginn der Laufbahn nur solche
Kandidaten brauchen, welche als Befähigungsnachweis
weiter nichts mitbringen als das Zeugnis über eine juristische Prüfung.

Sollte es denn wirklich unmöglich sein, auch u n t e r
a n d e r e n   A k a d e m i k e r n Persönlichkeiten zu finden,
die die Hochschule verlassen mit dem Wunsch, der höheren
Verwaltung ihre Kräfte zu widmen? Natürlich nur solche,
die in ernster wissenschaftlicher Arbeit auch Zeit auf die
Staatswissenschaft verwendet haben — die sich den nötigen
Einblick verschafft haben in die Rechtsgebiete, die Volkswirtschaftslehre und andere wirtschaftliche Disziplinen.
Und solche Akademiker gibt es in großer Zahl. Was
vergeblich erstrebt worden ist, was durch die bisher immer
wieder gescheiterte Reform des juristischen Studiums erreicht werden sollte, kann auf diesem Wege erreicht
werden — der außerdem den Vorteil bietet, daß für das
Studium der Jurisprudenz in erster Linie die höheren Ziele
der Rechtspflege erhalten bleiben.

Nicht   der   G e i s t   d e s   R e c h t e s   soll   hiermit   ver-
scheucht werden, nicht der Wert der wirklich juristischen
Schulung gemindert werden. Im Gegenteil, es soll der
Ernst der juristischen Arbeit, die Wertschätzung der wirklich juristisch Gebildeten für die Verwaltung gestärkt
werden.   O h n e   s t a r k e   j u r i s t i s c h e   I n t e l l i g e n z
k e i n e   V e r w a l t u n g.   Aber das jetzige System unter-
gräbt selbst die Achtung vor der juristischen Wissenschaft
in der Verwaltung. Mit beißendem Spott bedauern Verwaltungsbeamte „jede in den Hörsälen verbrachte Stunde
als verlorene Zeit". Mit bitterem Ernst weisen sie darauf
hin, daß der Unterricht in der juristischen Fakultät demjenigen zukünftigen Verwaltungsbeamten, „der mehr real
als abstrakt" veranlagt ist, „so gut wie nichts" biete.
Natürlich; die Rechtswissenschaft als Inhalt eines Hochschulstudiums ist keine Kost für alle.

Das ist ja die tiefere Ursache, die das Studium der
Rechtswissenschaften an den Universitäten v e r f l a c h e n
läßt. Dem offiziellen Studium strömen Fähige und Un-
fähige zu und sehr viele, die für diese Wissenschaft keine
Spur von Interesse mitbringen. Sie studieren Rechtswissenschaften, nicht um wissenschaftlich arbeiten zu lernen,

sondern um das Vorrecht zu erlangen, das Deutschland allen denen einräumt, die die juristische Prüfung bestehen.

Das Studium der Jurisprudenz kann nur dadurch wieder gehoben werden, daß auch den Akademikern anderer Hochschulen der Zutritt zur Laufbahn der höheren Verwaltung geöffnet wird. Damit würde der Jurisprudenz diejenige Studentenschaft erhalten bleiben, die als wirkliche Jünger zur Wissenschaft kommt. Wer mit der Absicht, einmal auf den vielgestaltigen Gebieten der Verwaltung tätig zu sein, eine Hochschule beziehen will, könnte nach seiner Neigung und Begabung wählen. Die wissenschaftliche Arbeit lernt er auf jeder Hochschule, und auf jeder Hochschule ist heute der Weg gewiesen zu juristischer und wirtschaftlicher Bildung. Freilich im Lande der Juristen ist bisher jeder Appell eines Andersgläubigen verhallt; er muß verhallen, denn das Wohl und Wehe der ganzen Volksgemeinschaft liegt in ihrer Hand. Es wird kein Volksvertreter, kein Staatsmann an dem Grundsatz rütteln: Die Hochschule der Verwaltung ist die Universität.

Der Kaufmann und die Kolonial-
verwaltung.

An die Spitze der Kolonialverwaltung war ein Mann
gestellt worden, der — ausnahmsweise nicht durch die
Schule der Jurisprudenz gegangen — seine Geistesbildung,
seine Kenntnisse und Fähigkeiten im Wirtschaftsleben gewonnen hatte. Gleich hieß es, nun müßten auch Kaufleute zu den übrigen Ämtern der Kolonialverwaltung berufen werden. Die Hoffnung war natürlich ganz unbe-
rechtigt — die Enttäuschung naheliegend. Was sollte der
Kaufmann in einer Berufstätigkeit, die von der seinigen
so ganz verschieden ist? Was irgendein anderer Stand
oder Beruf? Verwalten ist doch auch ein Beruf — und
der verlangt, wie jeder moderne Beruf, eine besondere
Vorbereitung, Übung und Erfahrung. Das scheint übersehen zu sein. Es liegt hier weder eine Standes- noch
eine Berufsfrage vor — wohl aber eine Frage der Vorbildung. Und da glaube ich doch, daß die laut gewordenen
Forderungen einer ernsten Beachtung wert sind.

Wenn der ganze Nachwuchs der höheren Beamten
ausschließlich der Schule der Jurisprudenz entnommen wird,
so kann die Einseitigkeit in der Verwaltung der Kolonien
nicht behoben werden. Wenn es feststeht, daß nur die
Universität den wissenschaftlichen Teil der Vorbildung
übernehmen kann, wenn alle zukünftigen Verwaltungsbeamten gezwungen werden, ihre Studienzeit ganz oder

vorwiegend der Rechtswissenschaft zu widmen, so wird
der Staatssekretär niemals über alle Kräfte verfügen, die
auf Neuland nötig sind; jedenfalls wird er in der vorder-
sten Linie immer Lücken haben. Der Mangel ist schon
daheim in dem festen Verbande der Staatsverwaltungen
fühlbar — draußen, über See, in der Berührung mit anderen
Nationen fällt er besonders auf. Es müßte aber auch
ganz unverständlich bleiben, daß wir unseren Kolonial-
besitz nur mit solchen Männern verwalten können, welche
die juristische Prüfung bestanden haben. Das wäre um
so unverständlicher, als an der Spitze derselben Verwaltung
ein Mann steht, der einen anderen Weg gegangen ist.

Sollte es denn wirklich nur eine Möglichkeit geben,
den Beamtenersatz zu sichern, nur einen Weg, auf dem
wir zu brauchbaren Verwaltungsbeamten kommen? Man
bedenke doch, daß es bei der Eigenart der Verwaltungstätigkeit gar nicht so sehr darauf ankommt, ob der Beamte dies oder jenes studiert hat, sondern darauf, wie er
studiert hat und wie dann seine Fähigkeiten zur Entwicklung gebracht worden sind.

Verwalten ist eine Tätigkeit, die auf der Grundlage
des Rechts und demgemäß mit Kenntnis und Verständnis der Rechtsordnungen ausgeübt werden muß — die
aber, weit über dieses verhältnismäßig enge Gebiet hinausgehend, eine vielseitige Bildung voraussetzt; eine Bildung,
welche keine Hochschule vollständig vermitteln kann. Der
Beruf der Verwaltung ist auch — wie kein anderer —
auf Selbststudium angewiesen; und das erfordert besondere Fähigkeiten. Wenn eine Hochschule diese
zu wecken und zu fördern vermag, so ist sie
eine Hochschule der Verwaltung. Die Verwaltung braucht auch besondere Charaktere, Männer besonderer
Eigenschaften, welch letztere von dem offiziellen Studium
nur wenig beeinflußt werden und von der juristischen
Prüfung unabhängig sind.

Ich halte unser jetziges System der Erziehung von
Verwaltungsbeamten für verfehlt. Jedenfalls ist es nicht

mehr zeitgemäß, wenn für eine so umfassende Tätigkeit,
wie sie auf dem Gebiete der höheren Verwaltung ausgeübt wird, nur dem Universitätsstudenten der Weg geöffnet
wird und nur dann, wenn er die erste juristische Prüfung
bestanden hat. Durch die Beschränkung auf die Universität gehen der Verwaltung dauernd die Talente verloren,
die durch das Studium der Jurisprudenz allein nicht geweckt werden können. „Der Beruf der Verwaltungsbeamten ist ein eminent praktischer, auf konkrete Lebensverhältnisse angewandter, und man darf wohl vermuten,
daß die jungen Leute, die ihn aus Neigung zu seiner besonderen Art ergreifen und nicht aus anderen Gründen,
dies tun, weil sie, bewußt oder unbewußt, die Fähigkeit
besitzen, praktisch gestaltend in die Verhältnisse des
Lebens einzugreifen, weil sie mehr praktisch als theoretisch,
mehr real als abstrakt veranlagt sind. Und gerade dieser
Veranlagung der künftigen Verwaltungsbeamten bietet die
juristische Fakultät so gut wie gar nichts". So schrieb
sehr treffend Geheimer Regierungsrat Dr. Flügge, „Tag",
17. März 1906.

Trotzdem kann kein Akademiker einer anderen Hochschule, der die Fähigkeit besitzt, praktisch gestaltend in
die Verhältnisse des Lebens einzugreifen, die Laufbahn
der höheren Verwaltung einschlagen — er ist auch von
der Kolonialverwaltung ausgeschlossen. Ich habe die Kurzsichtigkeit oft bedauert, mit der talentvolle junge Ingenieure
mit großen Fähigkeiten für die Verwaltung dem Beamtenkörper der allgemeinen Staatsverwaltung verloren gegangen
sind. Tüchtige Köpfe, die ihre langen Studienjahre richtig
benutzt hatten und im Rechts- und Wirtschaftsleben den
richtigen Weg gefunden hätten. Sie durften von den staatlichen Einrichtungen zur praktischen Übung in den Geschäften der Verwaltung keinen Gebrauch machen. Die
Amtsstuben der Regierung und die Stellen, an denen der
Einblick in das Getriebe der Staatsverwaltung ermöglicht
wird, blieben ihnen verschlossen. Dem Referendar aber,
der viel kürzere Zeit auf seiner Hochschule verweilt, mit

Staatswissenschaften und dem praktischen Leben sich weniger beschäftigt, dem allein werden alle Türen geöffnet.
Man soll sich doch darüber nicht täuschen, daß die Brauchbarkeit der aus der juristischen Schule Hervorgegangenen
nur in einem Vorrecht begründet ist. Weil dem Juristen
die gute Schule der Praxis geboten wird, weil allein er
sich jahrelang üben kann in der Verwaltung — weil nur
ihm eine Laufbahn in diesem Berufe gegeben ist — nur
deshalb ist er oder wird er der beste Verwaltungsbeamte. Früher sollte die siebenjährige Beschäftigung mit der griechischen Grammatik das Wunder der
echten Bildung bewirken; heute behauptet man, nur ein
dreijähriges Studium der Rechte vermöge den Verwaltungsbeamten zu schulen. — Wie die Grammatik an Beweis-
kraft verloren hat, nachdem die Monopolstellung des humanistischen Gymnasiums aufgehoben war, so würden auch
die Loblieder auf die „formale" Schulung verstummen,
wenn die Akademiker anderer Hochschulen mit dem Juristen sich überhaupt messen könnten. Vorrechte sind
keine Beweise, und vorläufig kann nur von
ersteren die Rede sein.

Kaufleute als solche kommen nicht in Betracht; warum
aber sollten die Handelshochschulen nicht Kräfte heran-
bilden können für die Verwaltung der Kolonien — Verwaltungsbeamte auf der Grundlage eines Studiums der
Wirtschaftswissenschaften? Das Maß an Rechtskenntnis-
sen, das hier erforderlich ist, vermag diese Hochschule,
wie alle anderen Hochschulen, zu sichern. Warum den
jungen Leuten, die mit abgeschlossener Mittelschulbildung
und mit Neigung und Fähigkeit zu dem eigenartigen
Berufe der Verwaltung eine ihren Anlagen entsprechende
Hochschule wählen, den Weg versperren? Ist es nicht
eine Zeitverschwendung und eine Vergeudung geistiger
Machtmittel, wenn alle durch die enge Pforte der juristischen
Prüfung gedrängt werden? Die juristischen Fakultäten
klagen über den fehlenden Eifer der Studierenden, über
Bummeln und Einpauken. Das ist eine Begleiterscheinung

des Vorrechts. An anderen Hochschulen ist diese Klage unbekannt. Wenn die akademische Form der Berufsbildung für die Verwaltung ihren Wert behalten soll, so muß auch hier die Monopolstellung aufgegeben werden. Den gesteigerten Ansprüchen an die wissenschaftliche Vorbildung des Beamtenkörpers ist das System nicht mehr gewachsen und deshalb nicht mehr zeitgemäß. Weniges nur würde aber genügen, um seine Leistungsfähigkeit wieder zu erhöhen. Man beachte nur: es kann sich nicht darum handeln, den Nachwuchs der Verwaltung aus dem praktischen Leben zu entnehmen oder aus anderen Berufen oder neben der Justiz andere »Reservoire« aufzustellen. Was könnte der Verwaltungstätigkeit die Erfahrung auf anderen Gebieten nutzen, die Erfahrung z. B. im Umschlag und in der Produktion von Gütern? Daß ein Kaufmann, der in seinem Berufe sich bewährt, der Erfolge aufzuweisen hat und sich eine Position errungen, diese aufgibt, um sich in der Verwaltung zu versuchen — das kann doch nur ausnahmsweise ein Gewinn für seine Mitmenschen sein.

Ich meine, die für das Kolonialamt vollzogenen Ernennungen sind ganz verständlich; sie sind sogar selbstverständlich, und deshalb ist darüber kein Wort zu verlieren. Ich möchte aber empfehlen, die Aufmerksamkeit mehr nach unten zu richten und zu fragen: Wie sollen die jungen Beamten herangezogen werden und woher sollen sie kommen? Vor allem muß der Einstieg richtig gewählt werden, wenn der Gipfel bezwungen werden soll.

Ausnahmen.

Wenn alles mit rechten Dingen zugegangen wäre, so wäre das Amt eines stellvertretenden Kolonialdirektors mit einem Rechtskundigen besetzt worden — es gehört zu der höchsten oder doch wenigstens zu der „höheren" Verwaltung. Und nach einem seit 100 Jahren feststehenden Grundsatze, der im neuen Jahrhundert bereits wieder durch ein Landesgesetz gesichert ist, ist der Nachweis der Befähigung für diese Gebiete menschlicher Tätigkeit in Deutschland untrennbar von der juristischen Prüfung. Die erste juristische Prüfung bestehen aber nur solche Kandidaten, welche die Rechte gründlich studiert haben und deshalb rechtskundig sind.

Ein Mann, der die erste juristische Prüfung nicht bestanden — ja nicht einmal versucht hat — und doch für die Verwaltung befähigt erscheint, ist daher nur eine Ausnahme. Ausnahmen müssen aber gemacht werden; sie bestätigen die Regel. Wenn der Reichskanzler besser gesucht hätte, so würde er in den Reihen der für die höhere Verwaltung Befähigten wohl auch einen anderen gefunden haben. Damit ist alles wieder in Ordnung. Nur eins ist überraschend: daß der „Amerikanismus" mit so viel Initiative daherkommt, mit Mut zur Tat und Lust an der Arbeit. Und gar verwunderlich ist es, daß ein Mann ohne den „eigens gearteten Ausbildungsgang" der höheren Verwaltung so viel Verständnis für die Interessen des

Reichs und zudem noch ein Herz für sein Vaterland mitbringt.

Wäre es denkbar, daß unter den nicht juristisch Gebildeten noch einige Männer vom Schlage Dernburgs vorhanden sind oder heranwachsen, so scheint es mir ein Gebot der Klugheit zu sein, diese für die höhere Verwaltung zu sichern. Man wird sie brauchen können. Der Reichskanzler hat wieder eine Ausnahme bei einer hohen Stelle zugelassen; könnten nicht auch schon unten an der Pforte zur höheren Verwaltung einige Ausnahmen gemacht werden? Ausnahmen, die die Regel bestätigen.

Verwaltungsakademien.

Wieder eine neue Hochschulform soll ins Leben ge-
rufen werden — eine preußische Verwaltungsakademie.
Zum Unterschied von den bestehenden Hochschulen soll
sie bestimmt sein für solche Akademiker, die schon einmal
studiert haben, die „ihre" Hochschule und ihre praktische
Ausbildung schon hinter sich haben.

Die Idee zu dieser Gründung ist aus einem praktischen
Bedürfnis gewachsen. Man hat eingesehen, daß das bisherige Hochschulstudium der Verwaltungsbeamten (für die
letzteren ist die neue Akademie in erster Linie bestimmt)
nicht ausreichend ist. Um die immer fühlbarer gewordenen
Mängel wenigstens bei einem Teil der Beamten abzustellen,
sind aus privater Initiative „Kurse für staatswissenschaftliche Fortbildung" eingerichtet worden. Nach dem Besuch
des Unterrichts, seiner Organisation und dem gebotenen
Lehrstoff ist die Unternehmung erfolgreich. (Über den
Lehrerfolg werden die Meinungen freilich noch weit aus-
einandergehen.) Weil diese Institution sich als lebensfähig
erwiesen hat — so behauptet man nun — müsse sie zu
einer dauernden gemacht werden, und das müsse durch
die Gründung einer Staatsanstalt geschehen. Die Gründe,
die im einzelnen für die Fortsetzung des in hohem Grade
nützlichen Fortbildungsunterrichts angeführt werden, sind
so treffend, daß alle Bedenken, die gegen eine Verwaltungsakademie geltend gemacht werden könnten, ver-

stummen werden. Wo es gilt, die Berufsbildung einer für unsere nationale Zukunft so wichtigen Beamtengruppe zu verbessern, da werden auch alle Schwierigkeiten überwunden werden. Der Landtag wird die Mittel bewilligen, und damit ist die neue Hochschule gesichert.

Es wird aber doch gut sein, bei dieser Gründung dessen bewußt zu bleiben, daß diese Überhochschule überflüssig sein müßte, wenn das Studium auf der Universität das leistete, was man von jedem Hochschulstudium verlangen kann.

Es ist wiederholt — auch an dieser Stelle — darauf hingewiesen worden, daß in dem System der Beamtenerziehung für die höhere Verwaltung ein Fehler liegt. Die gegenwärtige starre Verbindung des Studiums für zwei ganz verschiedene Berufe, Rechtspflege und Verwaltung, ist ein Widerspruch in sich. Hätten wir diese widersinnige Verbindung nicht, brauchten wir keine Verwaltungsakademie.

Man wird sich auch darüber klar werden müssen, daß das Prinzip der Hochschulbildung durch die Neugründung einen schweren Stoß erhält. Erst weisen wir die jungen Leute auf die Universität; das sei ihre Hochschule. Hier sollten sie sich die Grundlagen für die spätere praktische Betätigung in den Aufgaben der höheren Verwaltung erwerben. Eine andere Hochschule komme für zukünftige Verwaltungsbeamte nicht in Frage.

Und wenn sie fertig sind mit ihrem Studium, dann seien sie „lebensfremd" geworden; die fast ausschließliche Beschäftigung in der Jurisprudenz sei für einen Verwaltungsbeamten doch wohl nicht das richtige; frühzeitige Trennung von den Juristen sei geboten. Der Jurist müsse möglichst bald „übertreten" zur Verwaltung, um durch eine lange praktische Übung das wieder einzuholen, was durch allzulange theoretisch wissenschaftliche Beschäftigung versäumt sei. Wenn dieser „Übertritt" erfolgt ist — so wird man nun weiter sagen —, sei es zweckmäßig, daß der Verwaltungsbeamte auch noch die Verwaltungs-

akademie besuche, um sich „fortzubilden". Das alles
wird den jetzigen Tiefstand des juristischen Studiums
nicht heben.

Die Existenz einer Verwaltungsakademie wird schließlich auch eine schädliche Rückwirkung auf die Vorbildung
der Richter ausüben. Denn die Aussicht auf die Überhochschule wird die Zahl derjenigen Juristen vermehren,
die „jede in den Hörsälen verbrachte Stunde als verlorene
Zeit bedauern". Solange die beiden Berufe eng verbunden
bleiben, wird mit dem zukünftigen Verwaltungsbeamten
auch der zukünftige Richter nur allzuoft über die Notwendigkeit ernster juristischer Studien sich hinwegsetzen.
Deshalb sollte man zugleich mit der beabsichtigten Gründung auch endlich einmal erwägen, wie die unhaltbar gewordene Verbindung im Studium der grundverschiedenen
Berufe gelöst werden könnte.

Daß sie gelöst werden muß — dafür wird die Gründung der Verwaltungsakademie einen neuen Beweis liefern.

Verwaltungsingenieure im Eisenbahndienst.

Ein Erlaß des preußischen Eisenbahnministers hat wieder einmal die Gegensätze in dem großen Beamtenkörper der Staatseisenbahnverwaltung aufgedeckt.

„Techniker und Juristen" — was hat uns diese Unstimmigkeit in den letzten Jahrzehnten schon an Reibungsverlusten gekostet — und wie leicht wären sie zu vermeiden. „Techniker" und „Juristen" — zwei Worte nur, Mißverständnisse aber auf zwei Seiten.

In der Eisenbahnverwaltung gibt es gar nicht viele Juristen; was die Techniker ihre Gegner nennen, sind Männer, die mit guter Allgemeinbildung, durch Selbststudium und jahrelange Übung sich zum Verwaltungsbeamten ausgebildet haben. Verwaltungsbeamter und Jurist sollte man nicht verwechseln. Die paar Justitiare und einige Juristen in anderen Stellen der Eisenbahnverwaltung können den Technikern nicht hinderlich sein. Man müßte mindestens von ehemaligen Juristen reden. Aber auch dies wäre irreführend. Es gibt viele Assessoren, die niemals Juristen waren. Die drei kurzen Jahre auf der Universität sind doch nicht ausschlaggebend. Das vergessen die Techniker. Für die Bewertung der Fähigkeiten, der Kenntnisse und der Gesamtbildung des „Juristen" ist die Zeit nach dem Studium oft viel wichtiger als die Studienzeit selbst. Hierin liegt ein wesentlicher Unterschied zwischen der Vorbildung des „Juristen" und derjenigen des Technikers. Der Jurist studiert juristische Wissenschaften und lernt dann verwalten; der Techniker studiert die technischen Wissenschaften, um ein technisches Sonderfach zu lernen und ganz für dieses zu leben. Sein Studium ist zweifellos gleichwertig mit dem des Juristen; es ist vielleicht besser. Aber was nach dem Studium kommt, kann mit der Tätigkeit des „Juristen" nicht verglichen werden. Während der Techniker baut, zeichnet und konstruiert, während er draußen auf der Strecke oder in der Werkstätte sich betätigt — während dieser langen Jahre lernt der „Jurist" verwalten; er übt sich jedenfalls in einem Berufe, der von demjenigen eines Baumeisters oder eines Maschinenkonstrukteurs sehr verschieden ist. Den Vorsprung, den der Jurist in diesem Berufe — dem Berufe der Verwaltung — erlangt hat, kann der Techniker nicht mehr einholen. Die Staatsleitung wird für die Geschäfte der Verwaltung aber immer diejenigen bevorzugen, die das Verwalten — nicht das Bauen — am besten gelernt haben. Das ist ganz selbstverständlich; an diesem Grundsatz wird auch keine Statistik, keine Petition und kein Verband etwas ändern.

Ein zweiter sehr großer Irrtum, vielleicht auch ein Mißverständnis, liegt auf anderer Seite. Man hat viel zu lange schon die Technischen Hochschulen als Staatsanstalten betrachtet, die bestimmt seien und ihre vornehmste Aufgabe darin sehen sollten, Techniker vorzubilden — eben die „Techniker", die dem Staate gute Eisenbahntrassen zu entwerfen, Bahnhöfe zu bauen und Lokomotiven zu konstruieren bestimmt seien. In ihren wesentlichen Teilen sind diese Hochschulen ein halbes Jahrhundert lang immer wieder dem Bedürfnisse einzelner Staatsverwaltungszweige angepaßt worden. Im Unterrichtsbetriebe, im Lehrprogramm, in den Prüfungsbestimmungen genau das, was diese Stellen für nötig oder nützlich hielten. Diejenigen Abteilungen der Hochschule, aus denen die Eisenbahntechniker hervorgingen, wurden deshalb immer

mehr und mehr auf das eine Ziel hingelenkt — eingeengt.
Du wolltest Techniker werden, und du mußt jetzt streben,
ein möglichst vollkommener Fachmann zu werden — im
Bahnbau, in der Konstruktion von Zugmaschinen, in der
Unterhaltung der Fahrzeuge u. a. — das war das Geleit-
wort der Hochschule an den scheidenden Ingenieur. Man
konnte sich schließlich den Techniker nicht anders mehr
vorstellen als in dieser Tätigkeit. Was hierfür nicht dringend
nötig war, fand keinen Platz im Unterricht — und die im
Unterricht gegebenen Richtungslinien blieben über die
Hochschule hinaus bestimmend. Das Studium der Jurisprudenz ist dagegen niemals das Berufsstudium der Verwaltung, am wenigsten das der Eisenbahnverwaltung, gewesen; es ist seit vielen Jahrzehnten ohne jede Anpassung
an die eigenartigen Forderungen dieses Berufes geblieben.
Den Studierenden aber, die sich ihm gewidmet — das
sind die „Juristen" — hat man alle Mittel an die Hand
gegeben, abschwenkend von dem zuerst eingeschlagenen
Wege sich für den neuen, immer größer werdenden Beruf
vorzubereiten. Und man hat schließlich sich die Meinung
gebildet, nur bei den „Juristen" lohne eine solche Erziehung. Die Techniker aber — müßten Techniker bleiben.
Man hat ihnen den Weg verschlossen durch Gesetz und
durch Tradition. Das ist ein Zustand, den die Techniker als
ein schweres Unrecht empfinden — der aber auch für
unsere ganze Volksgemeinschaft eine empfindliche Schädi-
gung bedeutet. Die Fähigkeiten zum Verwalten und die
tüchtigsten Menschen finden sich nicht ausschließlich unter
denjenigen Studierenden, welche so klug waren, sich bei
einer juristischen Fakultät einschreiben zu lassen. Das
vergessen die „Juristen".

Für die Technischen Hochschulen hat eine neue Entwicklung begonnen; sie haben sich freigemacht von ein-
engenden Formen. Die Ingenieure, die aus ihnen hervor-
gehen, fangen an, einzusehen, daß es nicht ihr Studium
ist, das sie ausschließt von dem anderen Beruf. Sie wollen
auch die Möglichkeit, sich fortbilden zu können — nicht

im Bauen, sondern im Verwalten. Ihr Studium und ihre Kenntnisse berechtigen sie zu dieser Forderung. Es würde nicht allein ungerecht sondern auch kurzsichtig sein, diese zurückzuweisen.

Man soll einen aussichtslosen Kampf unterdrücken, gleichzeitig aber auch das Recht des Ingenieurs auf Berufsbildung anerkennen. Man gebe doch einer größeren Zahl von Ingenieuren (die nach ihrer Persönlichkeit sorgfältig auszuwählen wären) Gelegenheit, sich in den Verwaltungsdezernaten der Eisenbahndirektionen praktisch auszubilden; man lasse sie nach drei oder vier Jahren eine Verwaltungsprüfung machen und nehme sie danach mit gleichen Rechten in den Dienst wie die Assessoren. Verwaltungsingenieure neben Verwaltungsjuristen! Aus den Beamten verschiedener Herkunft erwächst mit der Zeit eine Einheit.

Der Ingenieur und die Verwaltungswissenschaften.

Die kulturelle Entwicklung eines Staates ist in hohem
Maße abhängig von den intellektuellen Fähigkeiten seiner
Beamtenschaft, insbesondere von denjenigen der höheren
Verwaltungsbeamten, die im modernen Staate als die wichtigsten Beamten zu gelten haben. Die Schichtung, aus
der die letzteren entnommen werden, die Umgebung, in
der sie aufwachsen, die Wissenschaften, in denen sie unterrichtet werden, sind von so starkem Einfluß auf alle Institutionen, die unter ihrer Hand entstehen, daß für die
innere Staatsleitung kaum eine andere Maßregel weitschauender Politik so wichtig ist, als eine gute Vorbildung
des Nachwuchses der höheren Verwaltungsbeamten.

Mit Besorgnis stehen wir vor der Tatsache, daß diese
Vorbildung in vielen Staaten unseres Vaterlandes in den
letzten Jahrzehnten mangelhaft geworden ist. Die Landtagsverhandlungen im größten Bundesstaat haben vor
wenigen Jahren nur allzu deutlich die bedenklichen Schäden
gezeigt, die hier vorhanden sind. Unbestritten ist seitdem
die von allen Seiten aufgestellte Behauptung, daß die wissenschaftliche Vorbildung (insbesondere das Hochschulstudium) der Verwaltungsbeamten nicht mehr zeitgemäß ist.
Nicht mehr zeitgemäß, — das ist gewiß Grund genug zu
ernster Überlegung.

In dem System unserer Beamtenerziehung liegt ein schwerer Fehler; er hat den gegenwärtigen äußerst bedenklichen Zustand verschuldet. Der Fehler besteht in der Verbindung der wissenschaftlichen Vorbereitung von zwei wesentlich verschiedenen Berufen, dem Beruf der Verwaltung einerseits mit dem der Rechtspflege anderseits. Es ist und wird immer unmöglich bleiben, einen ganzen Berufsstand mit einem anderen, der ganz andere Ziele und Aufgaben hat, in seiner wissenschaftlichen Vorbereitung so starr zu verbinden, wie dies hier geschieht. Es ist widersinnig zu verlangen, daß jeder zukünftige Verwaltungsbeamte — gleichgültig, mit welchen geistigen Anlagen und mit welchen Idealen er sein Studium beginnt —, erst Jurist werden müsse (und ein ganzes Studium auf die Jurisprudenz verwenden müsse), um dann nach der Studienzeit anzufangen, ein Verwaltungsbeamter zu werden. Daß jeder — ohne Ausnahme — diesen Weg gehen muß, das ist der Fehler. Das Juristenmonopol hat die akademische Bildung der Verwaltungsbeamten auf ein totes Gleis gefahren. Verfahren ist sie. So muß man heute das akademische Studium der Verwaltung kennzeichnen.

Wie das gekommen ist?

Ein besonderes Hochschulstudium, ein Berufsstudium für Verwaltungsbeamte, gibt es in Deutschland seit etwa zweihundert Jahren. Die Anfänge fallen zeitlich zusammen mit der Erkenntnis von der Notwendigkeit wirtschaftlicher Schulung; mit einem eigenartigen Unterricht wollte man ökonomische, staatswissenschaftliche, kameralistische Kenntnisse verbreiten.

Die Gründung von neuen Lehranstalten[1]) und die Einrichtung von neuen Lehrkanzeln an den vorhandenen Universitäten (auch von neuen Fakultäten und Instituten) ist bezeichnend für die Bewegung. Und deutlicher noch läßt

[1]) Collegium illustre in Tübingen, Collegium Carolinum in Braunschweig, Moser's Akademie in Hanau, Büsch's Akademie in Hamburg, die Kameral Hohe Schule in Kaiserslautern, das Kameralinstitut in Ingolstadt und Landshut.

sich an den Lehrprogrammen und den Prüfungsbestimmungen verfolgen, wie die neue Berufsbildung gedacht war.[1]

Bis über die Mitte des vorigen Jahrhunderts hinaus waren hiernach die meisten Staaten bedacht, den Nachwuchs der höheren Verwaltung so auszubilden, daß wenig-

[1] Ein Lehrprogramm für Verwaltungsbeamte und Staatswirte aus dem Ende des 18. Jahrhunderts:

1. Die Landwirtschaftskunst und Bergwerkswissenschaft mit ihren Grundwissenschaften, der ökonomischen Botanik, der ökonomischen Zoologie, der Mineralogie, der Markscheidekunst.

2. Die Technologie oder Staatswirtschaftskunst.

3. Die Kommerzien- oder Handlungswissenschaft mit der Münzwissenschaft.

4. Die bürgerliche Baukunst, welche die Grundsätze festhält, nach denen die den verschiedenen Endzwecken des gesellschaftlichen Lebens entsprechenden zum Wohlstande der Länder höchstnötigen Gebäude aufgeführt werden sollen.

5. Die Polizei, die auf alle die genannten Gewerbe und Nahrungsarten ihre Vorsorge erstreckt.

6. Die eigentliche Kameral- und Finanzwissenschaft, die sich mit der vorzüglichsten Art, die Einkünfte des Staates so zu erheben, daß ihre Quellen immer ergiebiger werden mögen, befaßt.

Und der entsprechende Studienplan: 1. Semester. Naturrecht, reine Mathematik, ökonomische Botanik, Mineralogie und Zoologie. — 2. Semester. Angewandte Mathematik, Chemie, Physik, unterirdische Geographie und reine Mathematik. — 3. Semester. Landwirtschaft, Vieharzneikunst, Forstwissenschaft, Bergwerkswissenschaften, Mineralogie und ökonomische Botanik. — 4. Semester. Technologie oder Stadtwirtschaft, Kommerzien- und Münzwissenschaft, politische Ökonomie, nämlich die Polizei- und Finanzwissenschaft, das gesamte Kameralrechnungswesen und die eigentliche Staatskunst, Chemie und Landwirtschaftskunst.

Bei einer Verlängerung des Studiums wird dem angehenden Staatswirt weiter empfohlen: praktische Mechanik, Hydrostatik, Hydraulik, Hydrotechnik, bürgerliche Baukunst, Straßen- und Brückenbau.

stens ein erheblicher Bruchteil der Beamten eine eingehende
Kenntnis von Land und Leuten erhielt. Die angehenden
Beamten mußten nachweisen, daß sie die geschichtlichen
und geographischen Verhältnisse des Landes, seine ad-
ministrativen Einrichtungen sowohl wie die Benutzungs-
weisen seiner von der Natur gegebenen Hilfsmittel und
Bodenschätze kennen. Gegenstand der Prüfungen von
Verwaltungsbeamten war z. B. Landwirtschaft, Bergbau,
Baukunst, Technologie, natürliche Beschaffenheit des
Landes usw.

Die Neugründungen des 18. Jahrhunderts waren aber
nicht lebensfähig; die Bewegung war verfrüht und konnte
nicht zu einer dauernden Institution führen; die Fach-
schulen sind alle wieder eingegangen, oder in bestehenden
Universitäten aufgegangen. Und bei den letzteren ist
dann im Laufe des vorigen Jahrhunderts gerade derjenige
Unterricht, der das Wesentliche, Eigenartige der Vorbildung sichern konnte, ganz verkümmert. Das ist ein be-
deutsamer Vorgang. Von den naturwissenschaftlich-tech-
nischen und wirtschaftlichen Fächern ist nur eine Disziplin, die Volkswirtschaftslehre, übriggeblieben; ihr ist in
dem derzeitigen Unterricht der höheren Verwaltungsbeamten neben den Rechtswissenschaften nur ein beschei-
dener Platz angewiesen. Die akademisch-wissenschaftliche Vorbildung dieser Beamten ist
heute fast ausschließlich von der Jurisprudenz
beherrscht. Die zukünftigen Verwaltungsbeamten studieren so, als ob sie Richter oder Rechtsanwälte werden
wollten. Sie studieren die Rechtswissenschaften und müssen
das Studium mit der ersten juristischen Prüfung abschließen.
Zwar sollen den Rechtswissenschaften (dreijährig) auch
noch die „Staatswissenschaften" zugefügt werden, und es
werden nach den Prüfungsordnungen (z. B. Preußen) auch
die Grundlagen dieser Wissenschaften verlangt; es ist
aber bekannt genug, daß diese Bestimmungen in ihrer
praktischen Ausführung nur ein Minimum garantieren. Es
fällt kein in den juristischen Fächern gut vorbereiteter

Kandidat durch, weil er schwache Kenntnisse in der Volkswirtschaftslehre gezeigt hätte. In einigen Bundesstaaten
sind Staatswissenschaften überhaupt nicht Gegenstand der
Prüfung.

Um von der reinen Jurisprudenz los zu kommen (die
an den Landesuniversitäten seit langem ihren Platz behauptete), hatte Friedrich Wilhelm I. 1727 die erste Kameralprofessur gegründet und bestimmt, die Kammerreferendarien sollten Staatswirtschaft studieren; er wollte k e i n e
J u r i s t e n , s o n d e r n S t a a t s w i r t e . Nicht rechtsformale
Schulung hatte den Fürsten und Staatsmännern des 18. Jahrhunderts vorgeschwebt; sie wollten ihre zukünftigen Beamten auf der Grundlage wirtschaftlicher Erkenntnis für
die Aufgaben der Staatsverwaltung vorbereiten. Die da-
malige Ansicht wird vielleicht am besten klar aus einem
Bericht, den der Sachsen-Eisenachsche Hofrat Justi an Maria
Theresia erstattete. [1]) Justi war Mitte des 18. Jahrhunderts
an das Wiener Kollegium Theresianum als Dozent für Kame-
ral-, Kommerzien- und Bergwesen berufen worden, weil
man auch in Österreich „die gleiche Erfahrung gemacht
hatte wie in Deutschland, nämlich, daß die Juristen nach
Absolvierung ihrer Studien für den praktischen Staatsdienst
ungenügend ausgebildet erschienen." Justi meinte, daß
alle die der Regierung und der Wirtschaft des Staates
dienenden Wissenschaften wie: Staatskunst, Polizei, Kom-
merzien- Bergwerks-, Kameral- und Finanzwissenschaft
nebst Ökonomie in einem unzertrennlichen Zusammenhang
miteinander ständen, und entwirft hiernach einen Unter-
richtsplan. In einer später verfaßten „Staatswirtschaft
und Systematische Abhandlung aller ökonomischen und
Kameralwissenschaften" (1753) wird wieder betont, daß die
Universitäten die Jugend in denjenigen Wissenschaften
genügsam unterrichten sollen, die sie als einstige Staats-
bediente oder rechtschaffene Bürger nötig haben, um der

---

[1]) Nach Stieda „Die Nationalökonomie als Universitätswissenschaft". Leipzig, B. G. Teubner 06.

Allgemeinheit nützen und ihre Pflichten erfüllen zu können;
so müßten von den zahlreichen Beamten in den Kammer-,
Polizei- und anderen Wirtschaftskollegien die ökonomischen
und Kameralwissenschaften durchaus gelernt sein. Als
man 200 Jahre vordem in Deutschland noch keine Kammer-
kollegien und keine Kameralisten gehabt habe, habe man
Rechtsgelehrte als Beamte nehmen müssen, und im übrigen
seien ehemalige Lakeien, Läufer und Schreiber, gemeine
Jäger u. dgl. Persönlichkeiten oft zu den ansehnlichsten
Ämtern im Staate emporgestiegen. Jetzt sei die Sachlage
wesentlich geändert. Die Zeiten, da Rechtsgelehrte
zu allen Bedienungen des Staats brauchbar
waren, seien vorüber. So Justi vor 150 Jahren. Es
mutet wie eine Ironie an, wenn wir sehen, daß heute wiederum das Überwiegen der juristischen Schulung zu beklagen
ist und daß es scheint, als ob wir aus dem Dilemma nicht
herauskommen können. Aber die Lage ist heute doch
eine wesentlich andere. Als die oben geschilderte Bewegung einsetzte, den Verwaltungsbeamten ein Berufsstudium zu sichern, waren gerade die entscheidenden
Wissensgebiete: die Naturwissenschaften, die Technik, die
Volkswirtschaft, im Anfange ihrer Entwicklung. Ihre
Entfaltung aber zu Universitätswissenschaften und als
Gegenstände des Hochschulunterrichtes der Verwaltungsbeamten ist unterbrochen worden durch die Gründung
der neuzeitlichen Hochschulen, der Bau- und Gewerbe-,
Forst- und Bergakademien, der Technischen, Landwirtschaftlichen und Handels-Hochschulen. Was Justi von
der Zusammenfassung der den Regierungen und der
Wirtschaft des Staates dienenden Wissenschaften gesagt
hatte, war an der Universität nicht mehr zu be-
folgen. Der Unterricht in den Naturwissenschaften, der
Land- und Forstwirtschaft, der Gewerbekunde und Technik usw. war an der einzigen Hochschule der Verwaltung nicht mehr zu halten, weil er besondere, neue und
entwicklungsfähige Lehrstätten gefunden hatte. Hierin
müssen wir die tiefere Ursache suchen für den

eigentümlichen Rückschritt. Hieraus ergibt sich auch die Beantwortung der gestellten Frage: Das Berufsstudium der Verwaltung ist im Laufe des vorigen Jahrhunderts mit dem der Rechtspflege zusammengefallen, nicht etwa weil die Rechtswissenschaft wieder als die Wissenschaft der Verwaltung erkannt wurde, sondern weil die infolge der Gründung von neuen Hochschulen im Lehrplane entstandenen Lücken durch nichts anderes ausgefüllt werden konnten als durch Disziplinen des Rechts. Der Organisation der Universität entsprechend war die juristische Fakultät die gegebene Abteilung, in der Verwaltungsbeamte zu studieren hatten. Es ist deshalb auch nicht richtig, wenn behauptet wird, es sei die Erkenntnis von dem hohen Werte juristischer Schulung gewesen, die dazu geführt habe, den Verwaltungsbeamten erst zum Juristen zu machen. Daß eine längere Beschäftigung mit den Fragen des Rechts von vorzüglichem Einfluß auf die Geistesbildung sein kann, war nicht zu bestreiten und wird auch heute nicht bestritten. Aber das war nicht Ausgangspunkt. Der zukünftige Verwaltungsbeamte mußte sich selbstverständlich Einblick in die Rechtsordnungen des Staates und der bürgerlichen Gesellschaft erwerben; da man aber darüber hinausgehend gerade die wichtigsten Wissenschaften doch nicht weiterpflegen und ihrer Entwickelung nicht folgen konnte, so war man um so geneigter, der Jurisprudenz die größere Bedeutung zuzumessen, als damit zugleich eine Vereinfachung und Verbilligung des Unterrichtsbetriebes verbunden war. Zwei Berufe in einem Studium, etwas Einfacheres gab es ja nicht. Für kleinere Staaten war das ein wichtiges Argument, und für den Großstaat und für das Reich kam noch anderes hinzu. Es bildete sich ein großer Berufsstand, der „praktisch das Wohl und Wehe der ganzen Volksgemeinschaft in die Hand" bekam. Die Justiz und die Verwaltung wurden in steigendem Maße aus einem einzigen großen Vorratbehälter versorgt, und der stellte schließlich für alle Aufgaben, die die neue Zeit in so überreicher Zahl

brachte, die Beamtenschaft. Der „Jurist" wurde der Akademiker, der alles kann, der sich in jeder Tätigkeit zurecht-
fand, der schließlich im Staat wie in der Selbstverwaltung,
im Parlament und im Wirtschaftsleben die Führung über-
nahm und auch auf dem Gebiete des Unterrichtswesens
die entscheidende Stimme hatte. Hier sprach diese Stimme
und spricht bis heute: Jurisprudenz ist die Wissenschaft
der Verwaltung, und die Universität ist die einzige Ver-
waltungshochschule.

Es kann nach dem Vorhergehenden keinem Zweifel
unterliegen, daß auch die neuen Hochschulen unserer Zeit
die Mission haben, mitzuwirken an der Erziehung der
Führer in Staat und Gemeinden; denn auf sie ist ja
der Unterricht übergegangen, der wesentlich
ist für diese Vorbildung. Aber diese Idee begegnet
einer gewaltigen Schwierigkeit in dem Vorurteil, das mit
der großen Ausbreitung juristischer Intelligenz unsere
ganze Nation durchdrungen hat: dem Vorurteil gegen die
Fähigkeit der Akademiker anderer Studienrichtung, sich
zum Verwaltungsbeamten auszubilden. Hiermit ist der
schwierigste Teil der ganzen Frage berührt.

Wie weit ist dieses Vorurteil berechtigt? Bei der
vorstehend geschilderten Rückentwicklung von einer in
Übung gewesenen Berufbildung der Verwaltung zu dem
Fachstudium der Richter und Rechtsanwälte ist ein Umstand noch besonders hervorzuheben: Das Fernbleiben
der Techniker von allen Aufgaben und Ämtern der
Verwaltung. Bei den aus den Forstakademien und den
Bergakademien hervorgehenden Beamten ist dies weniger
zu beobachten. Hier ist auch frühzeitig wieder eine Verbindung mit der verlassenen Universität hergestellt worden.
Im Lehrplane dieser Hochschulen wurde frühzeitig die
Rechtswissenschaft wieder aufgenommen (Bergakademie),
und die Forstakademiker wurden zu juristischen und volkswirtschaftlichen Studien an der Universität verpflichtet.
Daß auf dem Gebiete des Bergwesens, des staatlichen und
des privaten, sowie der Forstverwaltung der Jurist bis

auf unsere Tage nur selten Einlaß gefunden hat, wird
hierauf zurückzuführen sein. Bei den Architekten und
den Ingenieuren dagegen war bis auf die jüngste Zeit
aller Unterricht ausgeschlossen, der nicht unmittelbar zum
Zeichnen, Konstruieren und Bauen führte. Das ganze
Studium bewegte sich hier zwischen Stein und Eisen.
Keine Stunde für irgendein Gebiet, das hätte weiter
führen können. Von vornherein ein intensiver Studienbetrieb, Verlängerung der Studienzeit, immer weitergehende
Spezialisierung, Anspannung aller Kräfte für e i n Ziel. —
Das war ein vorzügliches Programm; es hat Deutschlands
Technik und Industrie auf eine hohe Stufe gefördert und den
Technischen Hochschulen in unerhört rascher Entwicklung
ihre heutige hohe Stellung gesichert. Aber einen Nachteil
hat es jedoch gebracht, den heute die Techniker hart
empfinden — eine Generation immer mehr als die vorhergehende. Der Studienbetrieb auf den technischen Lehranstalten mußte in dem Studenten die Ansicht festigen,
daß das Hochschulstudium nur dazu bestimmt sei, für
e i n Fach vorzubereiten, und daß dieses Fach L e b e n s -
a u f g a b e w e r d e n müsse. Der Techniker hat die Hochschule bezogen und verlassen mit der Absicht, sich einem
bestimmten Fach zu widmen, er wollte auch nach absolvierter Hochschule zeichnen, konstruieren, bauen. Was
abseits lag oder was darüber hinausführte, war in seinen
Zielen nicht eingeschlossen. Es war etwas ganz Ungewöhnliches, daß ein Akademiker, der sich vier Jahre
mit der Bautechnik, mit Geschichte der Kunst und mit
Architektur beschäftigt hatte, auf einmal sein Können
anders erproben sollte als in der Tätigkeit eines Architekten. Und wer als Student Mathematik und Naturwissenschaften studierte, sich mit den Gesetzen der Energieumsetzung und der Konstruktion von Dampfmaschinen
beschäftigt hatte, der wollte seine erworbenen Kenntnisse
vor allem nun auch ausnutzen als Maschinenmeister, er
wollte dem Staate Lokomotiven bauen und Eisenbahnfahrzeuge ausbessern. Und da sie selbst kein anderes

Interesse zeigten, keinem anderen Gebiet der werdenden
Verwaltung sich anschlossen, so setzte sich auch bald
bei der Staatsleitung die Ansicht fest, daß die Techniker
nur da zu verwenden seien, wo gebaut wird. Die Techniker erhielten den Titel Baumeister, Bauinspektor, Baurat usw. und wurden damit für ein Fach festgelegt, das
in seiner praktischen Arbeit jedenfalls nur sehr wenig mit
der Verwaltung gemein hatte. Für die Verwaltung aber,
die gleichzeitig ganz gewaltig an Umfang zunahm, stand
nur die juristische Intelligenz zur Verfügung. Und hier
sehen wir nun im geraden Gegensatz zu dem Verhalten
des jungen Baumeisters eine große Bereitwilligkeit des
Assessors, sich auch auf neuen Gebieten einzuarbeiten,
die nicht zu seinem „Fach" gehörten. Diese Bereitwilligkeit, „überzutreten", hat dem Juristen schließlich Zutritt
zu allen Ämtern und damit die Vorherrschaft in Staat und
Gemeinde gebracht. Als es schon zu spät war, hat der
Techniker angefangen, sich zu beschweren, über Zurücksetzung, über ungleiche Behandlung, über Kränkung.
Schon vor einem Menschenalter hat der Techniker und
Schriftsteller Max Maria v. Weber diesen Zustand geschildert, und bis auf unsere Tage können wir sehen,
wie um „Gleichstellung mit den Juristen" gekämpft
wird, ohne daß wirkliche Gleichwertigkeit angestrebt wird.
Bei der Staatseisenbahnverwaltung versuchen die Techniker
diese Gleichstellung zu erreichen durch den Hinweis, daß
sie doch gleichen Aufwand für ihr Studium hatten, daß sie
eine gleichwertige Vorbildung genossen usw. Bei den Kommunalverwaltungen geht das Streben der leitenden Bau-
beamten dahin, die Mitgliedschaft in den Magistraten zu erwerben, wo viel jüngere „Juristen" ihnen vorgezogen werden.
   Diesen Kampf gegen das Vordringen der
Juristen halte ich für aussichtslos, wenn nicht
das Ziel ein anderes wird. Es darf nicht das
Standesinteresse in den Vordergrund gestellt
werden, sondern das Staatsinteresse. Und es
muß vor allem auch betont werden, daß es sich

weder um den Techniker noch um den Juristen
handelt, sondern um die Heranbildung des
bestgeeigneten Verwaltungsbeamten.

Verwalten ist eben auch ein Beruf, ebenso wie Rechtsprechen oder Bauen, und dieser Beruf erfordert wissen-
schaftliche Vorbereitung u n d praktische Übung. Mag das
Hochschulstudium des „Technikers" demjenigen des
„Juristen" gleichwertig sein: die praktische Tätigkeit war es bisher jedenfalls nicht. Wer zehn
Jahre auf dem Bauplatz oder in der Maschinenfabrik tätig
war, hat für ein Amt der Verwaltung nicht den gleichen
Wert wie derjenige, der zehn Jahre sich im Verwalten
hat üben können. Und deshalb ist — immer nur für ein
Verwaltungsamt — der Techniker dem Juristen unterlegen.
Denn nur dem letzteren war bisher die Schule
der Praxis geöffnet worden; nur er konnte sich
im Verwalten üben, und nur er hat sich geübt. Dieses
Vorrecht hat den Erfolg des Juristen begründet.

In der Bestimmung, daß zur praktischen Ausbildung
in den Geschäften der Staatsverwaltung nur derjenige
Akademiker zugelassen wird, der 3 Jahre bei einer juristischen Fakultät eingeschrieben war und die erste juristische
Prüfung bestanden hat, liegt zuletzt das größte Hemmnis,
das bisher einer weitergehenden Verwendung der technischen Intelligenz entgegengetreten ist. In seiner Be-
seitigung sehe ich daher eine wichtige Aufgabe der nächsten Zeit, eine Aufgabe der großen Ingenieurverbände und
nicht zum wenigsten auch der Staatsleitung. Denn es
kann keinem Zweifel mehr unterliegen, daß der große
Beamtenkörper in unseren Staaten und Städten, der jetzt
einseitig nur der juristischen Intelligenz entnommen wird,
eine andere Zusammensetzung haben muß, wenn anders
die Zukunft der staatlichen Entwicklung gesichert sein soll.

Neben der Jurisprudenz müssen in gleich hohem Maße
Technik und Wirtschaftswissenschaft als Verwaltungswissenschaften zur Geltung kommen. Und das ist heute nur
noch in der Form möglich, daß alle Hochschulen zur Mit-

wirkung herangezogen werden. Wir müssen uns von dem Trugbild frei machen, daß nur eine dreijährige Beschäftigung in der Sphäre des Rechts die Vorbedingungen für das Verständnis der Verwaltungsaufgaben und der Führung von Verwaltungsämtern gewähre. Die Führerschaft der Nation muß sich aus Akademikern aller Hochschulen zusammensetzen, das ist eine Forderung der Zeit, und sie wird ihren Weg finden.

Fürs erste gilt es aber, das Vorurteil zu beseitigen, daß der „Techniker" als Verwaltungsbeamter ungeeignet sei. Dies kann nur in der Weise geschehen, daß man ihn gar nicht erst Techniker werden läßt, sondern — Verwaltungsbeamter. Hierzu ist aber wieder nötig, der Hochschule die Schule der Praxis anzuschließen — der Praxis des Verwaltens, nicht etwa des Bauens.

Diese Schule können die Bezirksregierungen, die Landratsämter, die Magistrate, Eisenbahndirektionen und viele andere Stellen gewähren. Hier gibt es bei richtiger Auswahl und Verteilung einen umfangreichen praktischen Unterrichtsstoff. In dem Regierungsdezernat für Selbstverwaltung und in dem Bezirksausschuß (Preußen) — um nur ein Beispiel zu nennen — liegen dauernd Fragen der Stadterweiterung (Bebauungspläne) vor, die ganz in das Gesichtsfeld desjenigen Technikers fallen, der in einer Hochbauabteilung studiert hat und sich mit der Materie des Straßenrechts (Fluchtlinien, Enteignungsgesetz) beschäftigt hat. In gleicher Weise bieten diese Stellen dem Bauingenieur und dem Maschineningenieur die Möglichkeit, immer im Rahmen „seiner" Wissenschaften den Zusammenhang zu verfolgen zwischen der Arbeit des Volkes und der Leitung der Volksgemeinschaft. Anlagen für den Verkehr z. B. in ihrer Behandlung bei den Aufsichtsbehörden (Wege, Wasserstraßen, Kleinbahnen) geben dem Ingenieur immer Anregung, Land und Leute kennen zu lernen und die Wirkungen administrativer Anordnung auf technische Anlagen zu verfolgen. Wer die wirtschaftlichen Fragen bei der Konstruktion von Kraftmaschinen und der Energieverteilung studiert hat, wird auch bei einem Magistrat ein weites Feld für Weiterbildung finden und dabei gleichzeitig den Einfluß „seiner" Wissenschaft auf das soziale Leben kennen lernen. Die Übersicht über die Rechtsordnung, die Gesetzeskenntnis und die Einsicht in den volkswirtschaftlichen Zusammenhang (die dem Ingenieur als Frucht der jüngsten Reformen an den Technischen Hochschulen geboten werden) setzen ihn in den Stand, bei gleichzeitigem Selbststudium sich bei diesen Stellen reiche Kenntnisse zu erwerben, die ihn nach wenigen Jahren befähigen können, selbständig ein Amt zu führen.

Bei der Kritik dieses Vorschlages möge man sich nicht beeinflussen lassen von der überlieferten Form; man bedenke auch, daß nicht zu allen Arbeiten des Verwaltens ein tieferes Studium der betreffenden Materie erforderlich ist. Für viele Aufgaben ist überhaupt nicht das Wissen entscheidend. Wie viele Ämter gibt es, besonders in der Selbstverwaltung, deren Leiter gar nicht studiert haben! Sollte ein Ingenieur unfähig sein, sich hier einzuarbeiten, nur weil er vier Jahre auf einer Technischen Hochschule wissenschaftlich gearbeitet hat. In mancher Tätigkeit, die jetzt zum Verwalten gehört, steckt viel mehr an Technik, als man gewöhnlich vermutet. Steuer- und Armenverwaltung, Wohlfahrtspolizei! Die Polizei war ehedem ein Begriff, der mit jus nichts zu tun hatte. Weshalb soll die Personenstandsbeurkundung nur Sache der Juristen sein? Kann ein Mensch von Allgemeinbildung als Standesbeamter tätig sein, so kann es doch auch ein Ingenieur. Um aber eine solche Ausbildung zu ermöglichen, ist ein größeres Handeln nötig, das der Staatsleitung und den zuständigen Stellen erst einmal die generelle Erlaubnis abringt, daß Akademiker, die sich auf der Technischen Hochschule mit Staatswissenschaften beschäftigt haben und die Lust und Liebe zu dem Berufe des Verwaltens mitbringen, sich praktisch ausbilden dürfen; der einzelne erhält diese Erlaubnis nicht. Darum müssen die großen Ingenieur-

organisationen eintreten. Alle für einen. Als kürzlich ein junger Ingenieur (er hatte die Diplomprüfung als
Verwaltungsingenieur bestanden) den Bürgermeister einer
Großstadt bat, ihm als Lernendem Einlaß zu gewähren in
die einzelnen Verwaltungsdezernate, war es ihm nur nach
wiederholten Bitten möglich, verstanden zu werden. „In
der Steuerverwaltung und in der Armenverwaltung gibt
es keine Beschäftigung für euch Ingenieure, das ist doch
unsere Sache." Die Sache der Juristen? Vom Preußischen Herrenhaus ist bei der Beratung des Gesetzes „über
die Befähigung für den höheren Verwaltungsdienst" ein
Beschluß gefaßt worden (1903), wonach die Staatsregierung
den Assessoren eine „praktische Beschäftigung" in den
„Betrieben" der Industrie usw. ermöglichen solle. Die
Werkleitungen der Industrie werden einem entsprechenden
Ersuchen gewiß nachkommen. Und die Staatsleitung wird
auch der Interessenvertretung der deutschen Ingenieure
eine Bitte gewähren, die in letzter Linie Staatsinteressen
verfolgt.

Verwaltungsingenieure.

Die von der Gesamtheit der deutschen Techniker (Architekten, Bauingenieure, Maschineningenieure u. a.) dargestellte technische Intelligenz wird in unserem Vaterlande nicht nach ihrem wirklichen Werte gewürdigt und deshalb für die Volksgemeinschaft nicht voll genutzt. Dieser letzte Umstand verdient besondere Beachtung im Zusammenhang mit der Tatsache, daß die intellektuellen Fähigkeiten bei dem Nachwuchs der höheren Verwaltung — überhaupt in der ganzen Verwaltung von Reich, Bundesstaaten und öffentlichen Verbänden — in auffallendem Mißverhältnis zu den derzeitigen Aufgaben des Staats- und des Wirtschaftslebens stehen. Dieser Mangel wird von allen Seiten zugegeben, selbst von Staatsmännern und einzelnen Regierungen. In ihrer eigenartigen Form ist diese Erscheinung nur in Deutschland (vielleicht auch in Österreich) vorhanden. Daß England, Amerika, Frankreich den Mangel nicht kennen, macht ihn für uns noch bedenklicher. Die tiefere Ursache des gegenwärtigen Zustandes ist in einer veralteten, für das 20. Jahrhundert nicht mehr passenden Vorbildung der großen Berufsgruppe zu suchen, aus der bei uns fast die ganze Führerschaft der Staaten — und nach ihrem Vorbilde der Städte usw. — entnommen wird. Aber es ist nicht etwa der Umstand, daß die überwiegende Zahl aller wichtigeren Ämter mit Juristen (richtiger ehemaligen Juristen) besetzt ist, sondern die einengende gesetzliche Bestimmung, wonach der ganze Nachwuchs ohne Ausnahme seine Studienzeit auf das juristische Studium verwenden muß. Daß es in Deutschland ausgeschlossen ist, auf anderem Wege zu den Führerstellen zu gelangen, hat in die Verwaltung eine gefährliche Einseitigkeit gebracht, die sich in der Zukunft noch mehr steigern wird. Wir dürfen uns nicht über diese Gefahr hinwegtäuschen lassen durch die Behauptung, in einem Rechtsstaate müsse die Beamtenschaft juristisch gebildet sein. Daß jeder Verwaltungsbeamte, gleichviel an welcher Stelle er steht, eine weitgehende Einsicht in unsere Rechtsordnungen haben muß, ist selbstverständlich (deshalb muß ja auch jeder Akademiker, der einmal das Verwalten lernen will, sich auf seiner Hochschule mit Rechtsmaterien beschäftigt haben). Es ist auch als feststehend und für die Zukunft gültig anzunehmen, daß ein großer Teil der Beamtenschaft eingehende und tiefe juristische Kenntnisse haben müsse. Ohne starke juristische Intelligenz ist die Staatsführung unmöglich. Ich hebe dies ausdrücklich hervor, weil es sich hier niemals darum handeln kann, die Juristen durch Akademiker anderer Vorbildung zu ersetzen oder gar die Jurisprudenz zu verdrängen. Aber es ist doch dringend notwendig, sich darüber klar zu werden, daß die Übertreibung wie überall, so auch hier auf Abwege führen muß. Es gibt keinen akademischen Beruf, der seine wissenschaftliche Vorbildung nicht fortgesetzt (in längeren Zeitabständen) veränderten Bedürfnissen anpassen muß. Es ist ferner ohne weiteres ersichtlich, daß der Beruf der Rechtspflege fortgesetzt neue Forderungen stellt, die aber von denen der Verwaltung ganz verschieden sind. Dadurch, daß eine Änderung in dem juristischen Studium jeweils den beiden, sich oft widersprechenden, jedenfalls immer verschiedenen Forderungen einerseits der Rechtspflege, anderseits der Verwaltung hätte gerecht werden müssen, ist keiner der beiden Berufe in seiner wissenschaftlichen Vorbereitung auf der Höhe der Zeit geblieben. Kommt demnächst eine Reform — sie ist seit

20 Jahren als dringend bezeichnet worden — so wird sie
aller Wahrscheinlichkeit nach in erster Linie für die Rechtspflege bestimmt sein; denn das juristische Studium an
unseren Universitäten, besonders aber die erste juristische
Prüfung muß vor allem den Nachwuchs für die Rechtspflege erziehen, sichern und sichten. In Preußen gehen
kaum 5 % aller Kandidaten zur höheren Verwaltung im
Staate; daß für diesen kleinen Bruchteil jemals eine zeitgemäße Reform kommen wird, ist ausgeschlossen. Jeder
Versuch, das juristische Studium (das in erster Linie für
die Vorbildung von Richtern und Rechtsanwälten bestimmt
ist) so zu gestalten, daß auch die neuen Aufgaben der
höheren Verwaltung Beachtung finden, muß von vornherein mißglücken. Der Versuch in den Jahren 1903 bis
1906 (Landtag) läßt das schon erkennen. Die wissenschaftliche Vorbildung der wichtigsten Beamten wird also
immer schlechter werden. Aus einer langjährigen Beob-
achtung glaube ich auch, daß dies immer rascher kommen
wird.

Diese Verschlechterung wäre aufzuhalten — sie wäre
vielleicht ganz zu vermeiden — wenn man die starre Verbindung im Studium der beiden Berufe aufheben würde.
Etwa in der Form, daß man denjenigen jungen Leuten,
die nach Familienüberlieferung, Anlage oder Neigung einmal zur Verwaltung in Staat und Gemeinde gehen wollen,
gestatten würde, das wissenschaftliche Arbeiten (das ist
doch das Studieren) auch auf anderen Hochschulen zu
erlernen. Praktisch kommt das auf den Vorschlag hinaus,
die Akademiker aller Hochschulen — sofern sie die
Staatswissenschaften zu einem Hauptteil ihres
Studiums gemacht haben — zur Laufbahn in der
höheren Verwaltung zuzulassen. Mit einem solchen System-
wechsel wäre das Problem zu lösen, dem Nachwuchs der
höheren Verwaltung wieder diejenigen Elemente zuzuführen, die der Gesamtverwaltung den Zusammenhang mit
der großen Volkmasse sichern und das Verständnis für
die bewegenden Kräfte der Zeit vermitteln. „Wir müssen

dem 20. Jahrhundert Männer geben, die gelernt haben,
das 19. zu verstehen".

Das ist natürlich unter der Geltung der bestehenden
Gesetze nur langsam durchzuführen und in Preußen wohl
auch nicht durch sofortige Änderung des Gesetzes von
1906 (über die Befähigung für den höheren Verwaltungsdienst) zu erreichen, sondern auf Umwegen. Von den
kommunalen und industriellen Verbänden wird der Staat
lernen. Wenn hier in vielen verschiedenen Stellen, die
man bis dahin mit „Juristen" zu besetzen pflegte, die
Techniker ihr Können im Verwalten — nicht etwa im
Bauen — beweisen dann ist der Weg nicht mehr zu ver-
fehlen. Nun fehlt aber (infolge des vorgenannten Gesetzes
und der vorausgehenden) die Möglichkeit für den Tech-
niker, d a s V e r w a l t e n a u c h p r a k t i s c h z u l e r n e n,
gerade in der staatlichen Verwaltung, die vielerorts vor-
bildlich ist. Verwalten kann man nur durch Praxis lernen,
und diese Praxis muß, u m v o l l s t ä n d i g z u s e i n, s i c h
a u c h a u f s t a a t l i c h e A m t s s t e l l e n e r s t r e c k e n.

Es ist deshalb vorgeschlagen worden, auf geeignetem
Wege die Erlaubnis zu erwirken, daß einzelne „Verwaltungsingenieure", die auf der Hochschule sich mit Staatswissenschaften beschäftigt haben und ihrer Person nach geeignet erscheinen, als Lernende bei den Bezirksregierungen,
Landratsämtern und anderen Stellen zugelassen werden. Es
handelt sich also nicht etwa um weitgehende Änderungen
in der Ausbildung eines größeren Teiles des jüngeren In-
genieurnachwuchses, sondern um eine kleine Zahl von
solchen jungen Leuten, die, nachdem sie ihre Studienzeit
auf naturwissenschaftliche, technische, volkswirtschaftliche
und rechtliche Disziplinen verwendet haben, sich dem Berufe der Verwaltung zuwenden wollen. Für Verwaltungsingenieure — zumal wenn sie eine ausreichende praktische
Verwaltungstätigkeit hinter sich haben — ist seit langem
ein Bedürfnis vorhanden.

Aber schon eine kleine Zahl wird genügen — und
hierin liegt die Bedeutung für den ganzen Ingenieurstand —

den Nachweis zu führen und die Anschauung zu be-
festigen, daß auch die Technische Hochschule für den
bevorzugten Beruf der Verwaltung vorbereiten kann. Diese
kleine Zahl wird den Weg ebnen zu einer vollen Würdigung der technischen Intelligenz. Diese volle Würdigung
wird in Deutschland aber auch auf keinem anderen Wege
zu erreichen sein. Auch nicht so daß etwa die Technik
durch immer gewaltigere, Bewunderung erregende Werke
sich hervortut, daß einzelne Techniker als Meister solcher
Schöpfungen geehrt werden, und erst recht nicht durch
Resolutionen und Petitionen um offizielle Gleichstellung.
Erst wenn einige Regierungspräsidenten,
Landräte und Bürgermeister als Studenten an
Technischen Hochschulen eingeschrieben gewesen sind, wird die Wandlung angebahnt
sein. Und dieses Ziel wäre zu erreichen; es wird erreicht, wenn alle Ingenieure einig sind, oder doch
zu der Überzeugung kommen könnten, daß es erstrebenswert ist.

Das Berufsstudium der Verwaltung.

Unter dieser Überschrift habe ich vor einigen Monaten in der „Zeitschrift für Philosophie und Pädagogik" einen „Beitrag zur Hochschulpädagogik" veröffentlicht, über den Herr Dr. Altenrath-Berlin in Nr. 2 dieser Zeitschrift referiert. Das Referat enthält Irrtümer. Ich kann dieselben ohne Weiterungen nicht abstellen. Nur bei einem will ich es versuchen.

Das Studium der Jurisprudenz — wie es jetzt an den Universitäten betrieben wird — ist nach den gesetzlichen Bestimmungen das Berufsstudium für zwei verschiedene Berufe. Das ist ein Widerspruch in sich. Man kann sich nicht durch ein und dasselbe Studium die wissenschaftliche Vorbildung für zwei Betätigungsgebiete erwerben, die weit auseinander liegen. Jedenfalls dürfte man nicht behaupten, daß nur derjenige zu dem Berufe der Verwaltung befähigt sei, der die juristische Prüfung bestanden hat. Diese Prüfung bildet den Abschluß eines im wesentlichen auf Privat-, Prozeß- und Strafrecht gerichteten Studiums, das in erster Linie für zukünftige Richter und Rechtsanwälte bestimmt ist. Daß sie gleichzeitig auch den allein gültigen Nachweis für die wissenschaftliche Befähigung zu dem anderen Berufe der Verwaltung bildet — das ist der Unsinn, über den wir uns schon viel zu lange mit Phrasen haben hinwegtäuschen lassen. Phrasen von der vorzüglichen Schulung, die das Rechtsstudium für die Geistesbildung gewährt, von dem Schärfen des logischen

Denkens, u. dgl. Ich bin der Meinung, daß die wahre
Wissenschaft hierin keine Unterschiede zeigt, sondern
daß es vielmehr auf den Unterrichtsbetrieb, auf den Willen
und auf die Persönlichkeit des Studierenden ankommt.
Ich bin weiter der Meinung, daß die allseits zugege-
benen und bedauerten Mängel im derzeitigen juristischen
Studium auf den Umstand zurückzuführen sind, daß für
dieses Studium in Deutschland eine Monopolstellung geschaffen worden ist, die in unsere Zeit nicht mehr paßt.
Meiner Meinung nach sind die Urteile über den Unfleiß
unserer studierenden Jugend gerade so verfehlt wie die
Behauptung, die Rechtslehrer wären schlechter geworden.
Ich habe das in dem Aufsatz ausdrücklich gesagt. Wie
wollte man denn erklären, daß bei dem doch zweifellos
hochstehenden Unterrichte der deutschen Universitäten
gerade die juristischen Fakultäten einen schlechten Unterricht gewähren sollten? Weshalb sollten gerade die Lehrer
der Rechtswissenschaften schlechter sein als andere? Ist
es denkbar, daß dieser Mangel — eines schlechten Unterrichts — gleichzeitig an allen deutschen Hochschulen auf-
tritt? Dem Studium der Jurisprudenz strömen neben den
wirklichen Jüngern dieser Wissenschaft auch solche Studierende zu, die gar nicht Juristen werden, sondern nur diejenigen Rechte erwerben wollen, die in Deutschland an
das Bestehen der ersten juristischen Prüfung gebunden
sind. In unserem Lande gilt jeder, der die erste juristische
Prüfung (Gerichtsreferendarprüfung) bestanden oder der
zum Doktor der Rechte promoviert ist, als befähigt für alle
Verwaltungsaufgaben. Ja wer nur einmal bei einer
juristischen Fakultät eingeschrieben war, erhält bei seinen
deutschen Landsleuten viel leichter Zutritt zu einer Verwaltungslaufbahn als irgendein anderer Akademiker; man
hält allgemein das Studium der Jurisprudenz für das Berufsstudium der Verwaltung. Vor dieser verkehrten Anschauung und ihren Konsequenzen habe ich gewarnt; denn
ich glaube, daß sie für die Zukunft unseres Landes schädlich ist. Einmal weil dies der sicherste Weg ist, die aka-

demisch-juristische Bildung unserer wichtigsten Beamten immer weiter herunterzudrücken, und sodann, weil ich glaube, daß in der Führung unserer Nation für die Folge die Akademiker anderer Hochschulen nicht entbehrt werden können.

Zwischen der — von anderer Seite — behaupteten Verschlechterung der juristischen Lehre und dem Fehlen technisch wirtschaftlicher Intelligenz in unseren Verwaltungen besteht ein innerer Zusammenhang; darauf habe ich deutlich genug hingewiesen. Das geht übrigens auch schon aus der in dem Referate wiedergegebenen Ansicht eines Verwaltungsbeamten hervor. Mit dem seit einem halben Jahrhunderte geltenden System zwingen wir alle jungen Leute, die im Reiche oder den Staaten, in Gemeinden oder wirtschaftlichen Verbänden ein Verwaltungsamt bekleiden wollen, ihre ganze Studienzeit einer Wissenschaft zu widmen, für die vielfach weder ihre Neigung noch ihre Fähigkeit ausreicht. Wir haben an unseren Hochschulen Lernfreiheit; das Korrelat ist Lust und Liebe zu der freigewählten Wissenschaft. Wo diese Voraussetzung nicht gegeben, da leidet das Studium, auch wenn die Lehrer noch so gut sind. Das ist seit langer Zeit bei dem juristischen Studium der Fall. Ich führte aus der Tagespresse (aus ein und demselben Blatte) einige Meinungsäußerungen an, die mir besonders charakteristisch schienen. Es waren die Meinungen von Juristen, also von „Sachkennern". Der eine, ein Universitätslehrer, meinte: „Unsere juristische Jugend pflegt vielmehr ihr Berufsstudium als überaus langweilig einzuschätzen, als ein notwendiges Übel, das man in Rücksicht auf die praktischen Vorteile der künftigen Lebensstellung eben auf sich nehmen muß — infolgedessen bleibt gerade in dem Berufsstande, der für den modernen Staat der allerwichtigste ist, der in Gesetzgebung, Rechtsprechung und Verwaltung gleichmäßig herrscht und praktisch das ganze Wohl und Wehe der Volksgemeinschaft in der Hand hat, die Mehrzahl seiner Mitglieder zeitlebens Stümper in ihrem

Fache, unfähig, sich über die Schablone der Geschäftsroutine zu erheben, und für die Mitarbeit an den schweren
sozialen Problemen der Gegenwart ganz untauglich. Welche
Unsummen von politischen, wirtschaftlichen, ethischen
Werten hat dieses Stümpertum uns schon vernichtet"
(„Tag", 8. Mai 1906). Und ein anderer, ein Verwaltungsbeamter, sagte, der Unterricht an den Universitäten sei
seit langem schon so wenig anziehend, daß er mit vielen
seiner Berufsgenossen „jede in den Hörsälen verbrachte
Stunde als verlorene Zeit bedauere". Ich kenne viele
solche Urteile und führe sie an, nicht um m e i n e „Gering-
schätzung" des juristischen Studiums zu zeigen, sondern
gerade diejenige von seiten der eifrigen Verteidiger des
falschen Systems. Ich selbst habe oft genug die große
Bedeutung juristischer Studien betont, ich habe wiederholt
hervorgehoben, daß die Staatsleitung ohne juristische
Intelligenz undenkbar ist und daß wir überall gut durch-
gebildete Juristen haben müssen. Gerade deshalb bekämpfe
ich das bisherige Verfahren. Ich versuche auf die Wider-
sprüche hinzuweisen und auf die Schäden, die hieraus
unserer Rechtspflege ebenso erwachsen wie unserer Verwaltung. Für die letztere plant man Verwaltungsakade-
mien, um Regierungsassessoren und jungen Landräten
die Kenntnisse zu vermitteln, die „ihre" Hochschule ihnen
nicht geben konnte. Auf Überhochschulen will man sie
nachträglich zu Akademikern machen. Und die Gerichtsassessoren? Es muß doch jedem Freunde der deutschen
Rechtspflege am Herzen liegen, das Universitätsstudium
zunächst so zu erhalten, daß immer der beste Richter-
nachwuchs gesichert bleibt. Das Studium der Jurisprudenz
ist das Berufsstudium des Richters und des Rechtsanwalts
und muß jeweils den Bedürfnissen d i e s e s Berufs und nicht
eines anderen angepaßt werden. Mit Kompromissen kommen wir aus den Schwierigkeiten nicht heraus. Wenn
— wie dies neuerdings immer stärker betont wird — der
zukünftige Richter auch mit dem Unterrichtswissen belastet
werden soll, das für den zukünftigen Verwaltungsbeamten

erforderlich ist, so wird er für seine Berufsbildung keine
Zeit mehr behalten. Und wenn anderseits immer wieder
verlangt wird, daß jeder Verwaltungsbeamte — ganz gleichgültig mit welchen Talenten er sein Studium beginnt —
vor allem die Jurisprudenz studieren müsse, so wird es
immer mehr Beamte geben, die jede in den Hörsälen verbrachte Stunde als verlorene Zeit bedauern. Wir kommen
nicht von der Stelle. Wenn der Wagen anfahren will,
ziehen kräftige Arme rückwärts und bringen ihn wieder
zum Stehen; gleichzeitig werden neue Lasten aufgeladen.

Seit Jahrzehnten kann man dieses Bild sehen. Die
Gerichtsjuristen klagen über die mangelhafte juristische
Vorbildung ihres Nachwuchses, und die Verwaltungsjuristen
behaupten, daß die Referendare „lebensfremd" von ihrer
Hochschule in den praktischen Verwaltungsdienst kommen.
Muß man da nicht von Kurzsichtigkeit reden, wenn hier
der von mir behauptete Zusammenhang geleugnet wird?
Ich muß das Widersinnige des jetzigen Hochschulunterrichts
hervorheben, um die Notwendigkeit einer freieren Gestal-
tung zu beweisen, und ich darf vielleicht auch hinzusetzen,
daß ich es immer wieder tun werde. Ich will deshalb
gleich wieder berichten von dem Urteil eines Sachver-
ständigen, der das Törichte unseres Systems schon vor
50 Jahren erkannt hat und der es gleichfalls für notwendig befunden hat, dies auch zu sagen. R. v. M o h l, der
Tübinger Professor und spätere Staatsmann, weist in den
fünfziger Jahren des vorigen Jahrhunderts an mehreren
Stellen seiner zahlreichen Schriften darauf hin, daß es doch
ganz selbstverständlich sei, daß — nachdem die Rechtspflege von der Verwaltung getrennt und für letztere eine
besondere Laufbahn vorhanden sei — auch eine besondere
Vorbildung für Verwaltungsbeamte eingerichtet werden
müsse, „daß zu einer richtigen Erfüllung der Aufgaben
der Verwaltung auch eine besondere, für den besonderen
Zweck berechnete Bildung erforderlich sei". — „Für die
Ausbildung der richterlichen Funktionen war eine Änderung oder Erweiterung der bisherigen Studienrichtungen

nicht notwendig, da bereits Unterricht in der Rechtswissenschaft bestand; also ging man gedankenlos auch in betreff der Verwaltung über die Bildungssorge weg". — „Solange dieselbe Stelle gerichtliche und administrative Geschäfte zu besorgen hatte, konnte selbstredend von einer anderen Erziehung als einer rechtswissenschaftlichen nicht die Rede sein; aber auch nach eingetretener Trennung blieb es in der Regel zunächst bei der Verwechslung von juristischer Bildung und Bildung überhaupt, jedenfalls bei einer auf Unwissenheit beruhenden Überschätzung der ersteren". — „Für die Verwaltung aber, und namentlich für ihren schwierigsten Zweig, verläßt man sich auf den alten frommen Satz, daß Gott, wem er ein Amt gebe, auch den Verstand dazu verleihe, oder unterläßt wenigstens, dem Bewerber um die einschlägigen Ämter sich die ihm für passend scheinenden Kenntnisse wie er kann und wo er kann, zu erwerben". Auch R. v. Mohl — er war, wie ich nochmals hervorhebe, ein erfahrener Universitätslehrer und ein weitsichtiger Staatsmann — hat es für nötig befunden, vor einer Überschätzung der Jurisprudenz zu warnen. „Eine einseitige Schätzung der rechtswissenschaftlichen Bildung steht offenbar auf gleicher geistiger Stufe mit der Ansicht der klassischen Philologen, die nur in ihrem Material ein Gesittigungsmittel sehen und auf den ganzen technischen und mathematischen Unterricht herabblicken (Politik, 2. Band Seite 430). An einer anderen Stelle — ich wähle die Ausdrucksweise des Referenten — versteigt er sich sogar zu der Behauptung: „Mit Pandekten und deutscher Rechtsgeschichte wird die Welt nicht regiert, und überhaupt gibt die ausschließliche Beschäftigung mit positivem Rechte dem Geiste des jungen Mannes einen engen Gesichtskreis und eine einseitige Auffassung, die ihn zu allen anderen Geschäften als zum Rechtsprechen verderben." Das sagte R. v. Mohl vor einem halben Jahrhundert. Wenn es Herr Dr. Altenrath liest, wird er sagen: „Dies Urteil ist entschieden verfehlt".

Der technische Beigeordnete.

Neue Wortbildungen sind dem Mißverständnis aus-
gesetzt und geben leicht Anlaß zu Begriffsverschiebungen.
Bei dem „technischen Beigeordneten" ist das schon bemerkbar.

„Beigeordneter" ist eine Amtsbezeichnung, die in
mehreren Verfassungen enthalten und dort sehr verschieden
gekennzeichnet ist. In der Rheinischen Städteordnung von
1856, die hier von besonderem Interesse ist, ist der Beigeordnete der Gehilfe und der Stellvertreter des Bürgermeisters. Die Bezeichnung gilt unterschiedslos für das
besoldete und das unbesoldete Amt. Schon die kleine
Stadt hat gewöhnlich mehrere Beigeordnete; sie sind berechtigt und v e r p f l i c h t e t, den Bürgermeister nach der
gesetzlich festgelegten Reihenfolge in allen Amtsgeschäften
zu vertreten. Diese Städteordnung kennt keine im voraus
und in Fachrichtungen abgegrenzten Amtsbefugnisse des
Beigeordneten; hier gibt es keinen Forstrat, Schulrat,
Baurat als Magistratsperson. Wohl kann die rheinische
Stadt einen Techniker in ihre Dienste nehmen und als
ihren Baurat bezeichnen und betiteln. Das wird besonders
für die größeren Städte praktisch. Wählt aber eine
Stadtverordnetenversammlung einen Techniker zum Beigeordneten und wird dieser als solcher bestätigt, so ist
er der Beigeordnete (mit bestimmter, gleichzeitig fest-
gestellter Nummer in der Reihenfolge) und nicht mehr
der Stadtbaurat. Hierin ist ein wesentlicher Unterschied
gegenüber anderen preußischen Provinzen begründet. Im
Bereiche der Städteordnung für die alten Provinzen ist
der Stadtbaurat als Magistratsmitglied für einen bestimmten

Geschäftskreis berufen; er vertritt den Bürgermeister z. B.
nicht in den Geschäften der Sicherheitspolizei, der Steuerverwaltung, der Personenstandsbeurkundung usw. Der
Beigeordnete der rheinischen Stadt ist hierzu verpflichtet,
muß also hierzu auch befähigt sein.

Was soll nun mit der Bezeichnung „technischer Beigeordneter" bezweckt werden? Ich habe unter Stadtver-
ordneten von zwei Begriffen gehört; die einen verstanden
hierunter einen Beamten, der als Akademiker technische
Wissenschaften studiert hatte, die anderen einen Techniker
von Beruf, d. h. einen Hochbauer, Bauingenieur, Maschineningenieur. In ihrem Sinne wird also das „technisch" vor
der Amtsbezeichnung eine nähere Kennzeichnung entweder nach dem Fachstudium oder nach der bisherigen
beruflichen Tätigkeit. Eine andere Absicht könnte die
sein, mit dem „technisch" die neue Tätigkeit in der
Stadtverwaltung zu umgrenzen; auch andere Begriffe sind
denkbar und vermutlich bereits vorhanden.

Im Sinne der rheinischen Städteordnung ist jeder
erklärende und einengende Zusatz zu der Amtsbezeichnung überflüssig, ja er ist eigentlich widersinnig. Denn
der Beigeordnete ist hier nicht nur der Gehilfe, sondern
auch der Vertreter des Bürgermeisters. Das ist besonders in der kleineren Stadt von Bedeutung, in der
neben zwei oder drei im Ehrenamt tätigen Beigeordneten
ein besoldeter Beigeordneter angestellt ist. Ist dieser in
der Reihenfolge der erste, so muß er sehr häufig die
ganze Geschäftsleitung übernehmen. Er kann nicht sagen:
ich bin ja nur „technisch"; er ist der erste Beigeordnete
und damit zu allen leitenden Arbeiten der Stadtobrigkeit:
der Repräsentation, der Polizei usw. verpflichtet. Schon
in der Kleinstadt ist der Umfang dieser Tätigkeit viel
größer als man gewöhnlich annimmt.

Ich glaube aber auch, daß die Betonung des „technischen" — gleichgültig zunächst, ob damit die Vorbildung
oder die Amtstätigkeit näher bezeichnet werden soll, —
für unsere Bestrebungen ungünstig wirken wird. Es wird

hiermit zu leicht ein irreführender Begriff geschaffen, der sich festsetzt und dann bei einer zukünftigen gesetzlichen Neuregelung sowohl den Gemeinden als den Technikern schaden wird. Regierungs- und Baurat ist ein Beispiel: die doppelte Bezeichnung ist dem Ansehen der Techniker nicht nützlich gewesen.

Wenn jetzt der Beamte sich als Beigeordneter u n d Stadtbaurat bezeichnet, so wirkt die Amtsbezeichnung „Beigeordneter" nur als Titel, als ob dem Techniker damit eine äußere Gleichstellung gesichert werden sollte. Und damit wird das Ziel ganz verschoben. Unser Bestreben geht doch in erster Linie dahin, den Verwaltungen in unserem Vaterlande technische Intelligenz zuzuführen, sie — die ein halbes Jahrhundert im Rückstande sind — zu veranlassen, technische Bildung und technische Arbeit u n m i t t e l b a r nutzbar zu machen im Dienste der Allgemeinheit. Das ist doch nicht das Wesentliche, daß der einzelne B a u beamte herausgehoben wird. Das Ansehen des Berufes ist selbstverständliche Folge, nicht Zweckbestimmung. Es ist auch nicht treffend, wenn immer das Bauen betont wird. Gewiß ist für die äußere Erscheinung der Stadt, für das, was das Auge sieht, auch für das Künstlerische in dem Wirken des Beigeordneten, die bauliche Tätigkeit dieses Beamten wichtig. Sie ist aber nicht das Entscheidende. Es läßt sich sehr wohl ein Beigeordneter denken, der überhaupt nicht baut, der sein Können, das er aus den Gesetzen der Natur, der Technik, der Kunst gewonnen, ganz anders verwendet zum Nutzen seiner Mitbürger.

Wenn unsere Bestrebungen erfolgreich sein sollen — bisher ist ein reicher Erfolg n i c h t festzustellen — so müssen wir uns noch mehr an das Bedürfnis der Gemeinden halten. Nicht nur der großen; — die Klein- und Mittelstädte sind in dem vorliegenden Falle wichtiger. Wir müssen aber auch noch mehr als bisher darauf Bedacht nehmen, daß es sich um V e r w a l t u n g s b e a m t e, nicht um Techniker handelt. Hierauf muß schon die ganze

Vorbildung gerichtet sein, nicht auf die Ausbildung von Spezialisten im Hochbau, Maschinenbau usw. Verwalten ist auch ein Beruf, und die Tätigkeit in diesem Beruf erfordert mindestens eine ebenso gründliche und eine so eigenartige Vorbildung wie die des Architekten, des Konstrukteurs, des Baurats oder des Werkdirektors. Manchmal erscheint es, als ob wir uns zu sehr den Vorteilen und Rechten und nicht auch den Pflichten des Berufes zugewandt haben.

Was ist denn für die Vorbildung geschehen? — für eine dem Beruf des Verwaltungsbeamten angepaßte Vorbildung? An den Technischen Hochschulen ist die ganze Technik breit auseinandergezogen. Vom ersten Semester an ist der Student schon Spezialist (d. h. in seiner Absicht). Die historische Entwicklung gibt hierfür die Erklärung. Für die Bedürfnisse der Gemeindeverwaltungen ist in der bestehenden Organisation zudem nur wenig Platz. Bis vor kurzem war selbst der Städtebau nur nebensächlich behandelt. Und die Berufsvorbereitung, die dem Studium folgt? Eine sehr gute Ausbildung im Bauen, Konstruieren, Rechnen, Zeichnen, aber doch wohl nicht in dem, was für die Leitung der Geschäfte und die Vertretung der Interessen eines Gemeinwesens in erster Linie notwendig wäre. Durch Einrichtung eines Studiums für Verwaltungsingenieure sind Anfänge einer Besserung in der theoretisch-wissenschaftlichen Vorbereitung vorhanden. Was aber besonders fehlt, ist die Möglichkeit praktischer Einführung in die so vielseitigen Geschäfte der Verwaltung. Für diesen Teil der Vorbildung — d e r f ü r d i e T ä t i g k e i t d e s V e r w a l t e n s b e s o n d e r s w i c h t i g i s t — ist bisher so gut wie nichts. geschehen. Hier sind uns die Akademiker mit juristischem Studium weit voraus. In der, allerdings nur ihnen gebotenen Möglichkeit, sich frühzeitig zu üben, ist der große Erfolg begründet, den sie auf allen Gebieten der Verwaltung errungen haben. Nicht etwa in ihrem Studium, denn das Studium der Rechte ist zunächst doch für einen ganz anderen Beruf bestimmt. Die Rechtswissenschaft ist für die Verwaltung nur eine Hilfswissenschaft. In dem neuen preußischen Gesetz „über die Befähigung für die höhere Verwaltung" ist die Bewertung beider Teile der Vorbildung sehr deutlich geworden. Das nur dreijährige, nach der Meinung aller Einsichtigen unzureichende Hochschulstudium bleibt unverändert. Eine sachgemäße Berufsbildung hofft man aber — trotz der offenbaren Lücken in der theoretisch-wissenschaftlichen Grundlage — doch durch die auf vier Jahre bemessene praktische Unterweisung erreichen zu können. Man hält nicht das Studium, sondern die praktische Einführung in den Beruf für den wichtigeren Teil. Es ist die goldene Regel: Früh übt sich, wer ein Meister werden will. Nach dieser Regel sollten auch wir handeln.

Wir dürfen nicht bloß Forderungen stellen, Rechte verlangen und die Städte zu Konzessionen drängen; wir müssen mit der Gleichberechtigung auch gleiche Verwendbarkeit schaffen, Vielseitigkeit und Gewandtheit in mehreren Dezernaten. Der „technische" Beigeordnete muß die Fähigkeit erlangen, mit dem gleichen Geschick, mit dem er das Stadtbauamt leitet, sich auch in der Steuerverwaltung, der Polizei, dem Armenamt usw. zurechtzufinden, um im Bedarfsfalle auch die Leitung dieser Verwaltungszweige übernehmen zu können. Er muß führen lernen, d. i. verwalten. Und dazu ist es notwendig oder doch wohl wünschenswert, daß er recht frühzeitig das einseitig „technische" streicht. Äußerlich wenigstens, innerlich bleibt er der auf naturwissenschaftlich-technischer Grundlage gebildete Akademiker.

Möchten doch die großen Verbände der Techniker sich der hier vorliegenden Aufgabe annehmen, den jüngeren Kollegen die Möglichkeit zu erwirken, an den vielen Stellen der Staats- und der Gemeindeverwaltungen erst einmal zu lernen, was Verwalten heißt.

Die Schule ist vorhanden in den Bezirksregierungen, den Landratsämtern, den Magistraten der Städte und anderen Stellen. Sie ist bisher nur den Referendaren zugänglich. Könnte der Herr Reichskanzler oder der Staatssekretär des Reichsamtes des Innern nicht auch einigen Technikern, die in ihrem Hochschulstudium auch die Staatswissenschaften betrieben haben und sich über ausreichende Kenntnisse auf diesen Gebieten ausweisen können, Einlaß gewähren? Verwaltungsingenieure, die auch die Schule der Praxis durchgemacht haben, werden sich als Beigeordnete nicht zurückdrängen lassen von der ersten Stelle. Und das ist doch das höhere Ziel bei unseren Bestrebungen, daß technischer Geist Eingang findet in der obersten Leitung der Städte. Denn damit ist nicht viel gewonnen, wenn der Techniker der Stadt zum Beigeordneten gewählt wird, wenn er „technischer" Beigeordneter wird. Nicht Baukünstler, Konstrukteure, Maschineningenieure haben den Städten gefehlt, sondern Verwaltungsbeamte, die ihren Beruf — den Beruf der Verwaltung — in technischem Geist erfassen, welche die Aufgaben des naturwissenschaftlichen Zeitalters, des „Jahrhunderts der Maschine", mit künstlerischem und sozialem, mit wirtschaftlichem und technischem Empfinden durchdringen konnten.

Aber dazu muß man doch vor allem erst Verwalten lernen, nicht nur Bauen und Konstruieren. Bauplatz und Maschinenfabrik eröffnen gewiß wertvolle Einblicke in das menschliche Leben und Schaffen; es ist aber für den zukünftigen Verwaltungsbeamten doch wohl noch mehr nötig.

Bisher haben wir es jedem einzelnen überlassen, seine Schule zu suchen; unser System war der Zufall. Damit ist das Ziel nicht zu erreichen.

Es ist das alles so selbstverständlich, daß es überflüssig scheinen könnte, auf das naheliegende Beispiel der Juristen zu verweisen. Es geschieht, weil ich die feste Überzeugung habe, daß wir diesem Beispiel folgen müssen, um das zu erreichen, was überhaupt erstrebenswert ist.

Hochschulpädagogik.

Nachdem zuletzt 1905/06 (Beratung des Gesetzes über die Befähigung für den höheren Verwaltungsdienst) von Mängeln bei dem juristischen Hochschulstudium gesprochen wurde, hat sich der preußische Landtag neuerdings wieder mit der Frage zu beschäftigen gehabt. Damals war dieses Studium das Berufsstudium der höheren Verwaltung — in der diesjährigen Verhandlung steht die Vorbildung der Justizbeamten im Vordergrund des Interesses. Vordem wurde behauptet, daß in dem allzu kurzen Studium der Verwaltung kaum Zeit bleibe für die wichtigsten Staatswissenschaften, für öffentliches Recht und Volkswirtschaft. Dieses Jahr geht die Forderung wieder nach anderer Richtung. Jetzt ist Privat- und Prozeßrecht, praktische Schulung für den Richterberuf wieder die Hauptsache. Alles in drei Jahren. Einmal wird die »Pädagogik« vom Ministerium der Finanzen, dann vom Innern — jetzt von der Justiz bestimmt. Das arme »Studium der Rechte«; wann wird es wohl einmal eine klare Zweckbestimmung erhalten? Gehört das Studium eigentlich zur Justiz oder zur Verwaltung?

Es ist von einem Abgeordneten darauf aufmerksam gemacht worden, daß die Zahl der Studierenden im letzten

Jahrzehnt außerordentlich stark angewachsen ist. Es waren vorhanden preußische Studierende der Rechte auf preußischen Universitäten: im Jahre 1880 — 2177 Studierende; zehn Jahre später 2170. Von diesem Zeitpunkt an ist die Zahl stetig gewachsen auf 2940 im Jahre 1895, 4131 (1900), 5304 (1905). Im Jahre 1906 studierten bereits 5648; im letzten Jahre ist die Zahl anscheinend wieder gewachsen. Dazu kommen nun noch weit über 1000 Angehörige von Preußen, die auf nichtpreußischen (und ausländischen) Universitäten studieren.

Die Zahl der preußischen Referendare (die das Studium der Jurisprudenz mit der ersten juristischen Prüfung abgeschlossen) ist gewachsen von 3590 im Jahre 1880 auf 7160 im Jahre 1907; die Zahl der Gerichtsassessoren von 1853 im Jahre 1897 auf 2470 im Jahre 1907. Das Endprodukt — der Gerichtsassessor — ist also sehr klein gegenüber der großen Zahl von Akademikern, die ihr Hochschulstudium mit der ersten juristischen Prüfung abgeschlossen haben. Hiernach wäre die Justiz gar nicht der Hauptabnehmer des Erziehungsproduktes.

Wenn der Satz von dem Hauptziel allen Unterrichts (den wir schon in der Sexta gelernt haben) noch in Geltung ist, so sollte man doch beim Studium der Rechte auch wieder einmal fragen, zu welchem Zwecke wohl die große Zahl junger Leute gerade dieses Berufsstudium ergreift. Um Richter oder Rechtsanwalt zu werden? Den rd. 7000 preußischen Studierenden der Rechte im Jahre 1906 stehen zusammen noch nicht 2000 Gerichtsassessoren gegenüber, die in den drei Jahren von 1904 bis 1907 im preußischen Justizdienst angestellt oder als Rechtsanwälte bzw. Notare zugelassen wurden. Wo bleiben die anderen? Das Studium der Rechtswissenschaften ist vielleicht gar nicht mehr ausschließlich das Studium der Justiz, auch nicht das der Finanzbeamten (oder anderer Verwaltungsbeamter). Es ist in Deutschland das Studium katexochen; das Studium, das man ergreift, wenn man sich den »Weg für alles« offenhalten will. — Dann darf aber dieses Studium und seine Abschlußprüfung auch nicht nach den Forderungen nur eines Berufes eingerichtet werden.

Solange das juristische Studium der einzige Weg wissenschaftlicher Vorbereitung für verschiedene Berufe bleibt, so lange müßten auch bei jeder Beratung über dieses Studium alle beteiligten Berufe gleichzeitig ihre Interessen vertreten können. Daß das nicht möglich ist, würde dann endlich einmal erkannt werden.

Eisenbahnjuristen oder Verwaltungsingenieure.

Eine Eigentümlichkeit der deutschen und österreichischen Staatseisenbahnen ist der Antagonismus von „Techniker" und „Jurist" in ihren Verwaltungen. Der Jurist, so behaupten die Techniker, sei ein Eindringling in dem von Ingenieuren geschaffenen Werke, er dränge sie zurück von dem, was ihnen gehöre, er nehme ihnen die obersten Stellen weg und behandle die ihm untergebenen Techniker in verletzenden Formen. Der Techniker, so behaupten anderseits die Juristen, sei für viele wichtige und unentbehrliche Betätigungen in dem großen Betriebe nicht geeignet; es müßten, wenn auch das große Ingenieurwerk vorwiegend mit technischer Intelligenz verwaltet werde, doch gewisse Zweige der Verwaltung von solchen Beamten geführt werden, die bei einer juristischen Fakultät studiert haben, weil die Eigenart gerade dieser Teile ein juristisches Berufsstudium erfordere, d. h. also ausschließliche oder doch vorwiegende Beschäftigung des Studenten mit den Disziplinen des Rechts, „Atmen in juristischer Luft". Dieser Widerstreit der Ansichten und Meinungen ist in den andern großen Eisenbahnländern unbekannt und verdiente eigentlich schon deshalb eine genauere Würdigung seiner tieferen Ursachen. Er ist aber auch in hohem Maße der Weiterentwicklung unseres Eisenbahnwesens schädlich. Es ist leider nur dem Eingeweihten verständlich, welche bedeutenden Werte in dem großen Etat der Eisenbahnen durch die unendlich vielen Reibungen und Mißstimmungen jährlich verloren gehen. Wieviel mehr könnte gearbeitet werden, wenn die große Zahl der Beamten, die heute durch die wirkliche und vermeintliche Zurücksetzung in ihrer Arbeitsfreude gehemmt werden, in dem Gefühl der Zusammengehörigkeit erzogen werden könnten oder wenn — falls die Juristen wirklich entbehrlich sind — die gesamte Verwaltung an die Techniker übergeben werden könnte. Schon über zwei Jahrzehnte dauert der stille Kampf, hier durch eine Ministerrede, dort durch eine Denkschrift oder eine Petition in seinen Phasen nach außen kenntlich werdend. In der Preußisch-Hessischen Eisenbahngemeinschaft haben die „höhern technischen Verwaltungsbeamten" jetzt wieder eine Petition an den Landtag gerichtet. Und auf der Gegenseite wird wohl wieder eine Abwehrmaßregel erwogen. Ist das alles unvermeidlich? Sind die Kräfte, die zu solchem Streite immer angespannt bleiben, nicht besser zu verwenden? Schließlich wird doch dieser Kampf aus den Mitteln der Volksgemeinschaft geführt, die deshalb nicht länger in Gleichgültigkeit hier zusehen darf. Um so weniger, als das Problem, das hier zu lösen ist, auch für andere Zweige der Staatsverwaltung die Aufmerksamkeit des ganzen Landes verdient. Die ganze Technikerfrage — auch sie ist in weitestem Umfange andern Kulturländern fremd — drängt zu einer Lösung. Die Zeit ist gekommen.

Bei der Eisenbahnverwaltung ist das am deutlichsten zu erkennen. Hier würde die Lösung am einfachsten sich vollziehen. Nur müßten beide Seiten erst einmal zugeben, daß Mißverständnisse vorhanden waren und daß es jetzt gilt, das Werdende zu fördern, nicht alte Vorrechte zu sichern oder zu vernichten. Zuerst die Techniker. Das sollten sie doch nicht abstreiten, daß den Juristen ein bedeutendes Verdienst zukommt um die Organisation des großen Verkehrswerkes. Das deutsche Staatsbahnnetz wäre ohne Juristen überhaupt nicht geworden.

Schon deshalb nicht, weil die Eisenbahntechniker der
ersten Jahrzehnte weder die einschlägigen Kenntnisse
hatten, noch das erforderliche Interesse bekundeten, das
dazu gehörte, das neue Gebilde in den Organismus des
bestehenden Staates einzufügen. Nur selten (und als Ausnahme anzusprechen) ist in ihren Reihen einmal eine Persönlichkeit erschienen, die mit ihrer Arbeit, ihrem Sinnen
und Trachten sich aus der Sphäre von Eisen und Stein,
über Schienen und Lokomotiven hinaus erhoben hätte.
Das war gut; denn damit ist uns eine Ingenieurgeneration
erwachsen, die auf ihrem zunächst engeren, dann immer
größer gewordenen Gebiete das Beste geleistet hat, was
denkbar war; die uns die tüchtigsten und in ihrem Berufe
zuverlässigsten Beamten gesichert und damit eine Tradition
geschaffen hat, die für das ganze deutsche Verkehrswesen
von hohem Werte ist und auch bleiben kann. Max Maria
v. W e b e r, eine der hervorragendsten Persönlichkeiten
unter den Eisenbahningenieuren, der Poet der Schiene,
hat in seinen prächtigen Erzählungen das Bild gemalt, das
diese seltene Pflichttreue in dem neuen Berufe bei allen
erkennen läßt. Aber man muß doch — und das erfordert
die Gerechtigkeit — sich immer dessen bewußt bleiben,
daß sie alle, die das große Werk geschaffen haben, in den
Juristen ihre Helfer hatten. Und diese letztern, die doch
in der größten Zahl nicht Juristen geblieben sind, sondern
dem neuen Berufsstand sich eingefügt haben, haben nichts
als ihre Pflicht getan, wenn sie dem Ingenieur die Linien-
führung und die Durchbildung des rollenden Materials
überließen und wenn sie selbst die Tätigkeit übernahmen,
die wir heute „Verwalten" nennen. Das war eine Arbeits-
teilung, die wir als Ingenieure nur gutheißen können.

Aber das gilt doch nur für bestimmte Voraussetzungen.
Was in den Anfängen der Entwicklung, in der Vergangenheit richtig war, muß deshalb nicht für alle Zeiten richtig
bleiben. D a s v e r k e n n e n d i e J u r i s t e n oder richtiger
diejenigen Männer, die selbst aus der juristischen Schule
hervorgegangen, weder den tieferen Wert technischer Schu-

lung kennen gelernt haben, noch auch die außerordentlich
rasche Entwicklung der Ingenieurerziehung übersehen.
Und dies ist wieder ohne weiteres begreiflich. Die Eigenart der Beamtenerziehung des vorigen Jahrhunderts, deren
Produkt doch die gegenwärtige, regierende Generation der
höheren Verwaltungsbeamten darstellt, macht es ja im Verein mit anderen Verhältnissen fast unmöglich, zu erkennen,
welche großen und entscheidenden Veränderungen vor-
gegangen sind. Wenn heute ein höherer Verwaltungsbeamter (oder ein Parlamentarier) den Typ des akademisch
gebildeten Technikers schildert, so treten ihm dabei diejenigen Vertreter des Standes vor Augen, die er vor zehn
oder 'gar vor zwanzig Jahren hat kennen und würdigen
gelernt, und das waren vielleicht schon Männer, deren
Studienjahre weit zurücklagen. Das gibt, auf die jüngste
Generation angewandt und in der Frage, wie weit der
heutige und der zukünftige Techniker sich zum Verwalten eignet, ein ganz falsches Bild. Besonders auch
deshalb, weil die Frage hier ganz anders gestellt werden
muß, nicht auf die flüchtige Gegenwart und noch weniger
natürlich auf die Vergangenheit, sondern auf die nächste
Zukunft. Wenn unsere Staatsleitung weiter blicken wollte
(und das sollte 'doch ihrer Kunst möglich werden), so
müßte sie erkennen, daß die Voraussetzungen, unter denen
vordem viele Stellen der Eisenbahnverwaltung mit ehemaligen Juristen besetzt werden mußten, heute nicht mehr
bestehen, daß die Verhältnisse sich geradezu
umgekehrt haben. Nicht die Schulung im Privatrecht,
im Prozeß- und Strafrecht, nicht die forensische Übung
ist es, was den besten Verwaltungsbeamten für ein Verkehrsunternehmen macht, sondern eine gründliche tech-
nisch-wirtschaftliche Schulung, besonders wenn diese auch
alle rechtlichen Beziehungen ausreichend berücksichtigt.
Seit etwa einem Jahrzehnt, teilweise schon früher, haben
die Technischen Hochschulen begonnen, diesen Unterricht
einzurichten, und es wird nicht mehr lange dauern, dann
ist er zu einem selbstverständlichen Teile aller dieser

höchsten Bildungsstätten geworden. Will man nun wirklich für alle Zeit behaupten, ein Referendar, der drei Jahre
dem normalen rechtswissenschaftlichen Studiengang gefolgt
ist, sei wissenschaftlich besser für eine Eisenbahnverwaltung vorgebildet als ein Ingenieur, der vier Jahre Eisenbahnwissenschaften, Rechts- und Wirtschaftswissenschaften
studiert hat? Wer diesen Unterricht kennt, kann sich
natürlich der Einsicht nicht verschließen, daß hier eine
der Verkehrtheiten vorliegt, wie sie unaufmerksame Regierungen oftmals schon zum Schaden des Staates ge-
duldet haben. Aber das sind gerade die besonderen Umstände bei der Zusammensetzung der gegenwärtigen Staatsleitung und der Volksvertretung, daß diese Einsicht nicht
vorhanden sein k a n n. Als die jetzigen führenden Männer
studiert haben, haben sie gelernt (und so was bleibt fest
sitzen), daß die Technischen Hochschulen (die „polytechnischen Schulen", wie sie früher hießen) für die „g e w e r b -
l i c h e n B e r u f e" bestimmt seien, daß sie auf Grund einer
Allgemeinbildung, die längst nicht an die des Universitätsstudenten heranrage, „manuelle Geschicklichkeit" ver-
breiteten usw. Von den Räten der deutschen Regierungen
ist selten einer, der das wissenschaftliche Arbeiten in den
neuen Hochschulen selbst kennen gelernt hätte, ja nur
wenige kennen diese Stätten überhaupt aus eigener Anschauung. In einigen Amtsstuben hat die „Gewerbe-
schule" noch stillen Kurs. Es ist manchem sonderbar
erschienen, und es verträgt sich auch wirklich nicht recht
mit unserer Anschauung von Autorität, daß die Beamtenschaft der großen Staatseisenbahnverwaltung an die Volksvertretung petitioniert um Dinge, die zur inneren Verwaltung gehören. Aber man muß dabei doch das Außer-
gewöhnliche ihrer Lage berücksichtigen. Sie sind durchdrungen von der Richtigkeit ihrer Anschauung, aber auch
von der Überzeugung, daß s i e s e l b s t auf grundsätzliche Fehler aufmerksam machen müssen, weil keine andere
Stelle die Fehler erkennen k a n n. Aber vielleicht wäre
es doch besser gewesen, von den Petitionen abzulassen

und nochmals einen ganz andern Weg zu beschreiten. Hierzu ein Vorschlag:

Daß die Eisenbahnen ehemalige Juristen zu ihrem Dienst herangezogen haben, war eine Notwendigkeit (wie oben schon dargelegt ist). Ich glaube aber, daß die Absicht dabei weniger auf eine juristische Vorbildung gerichtet war, als vielmehr auf Männer, die von dem Banne einer einseitigen F a c h bildung frei, sich auf Grund ihrer Allgemeinbildung in das neuartige Gebiet einarbeiten konnten und w o l l t e n. Auf das Wollen ist der Nachdruck zu legen. Natürlich war die rechtliche Schulung und die Erfahrung in einzelnen Rechtsgeschäften (Sachenrecht, Grundbuchamt z. B.) dabei sehr wertvoll, aber es ist doch auch gleichzeitig zu beachten, daß die Tätigkeit in verschiedenen Dezernaten und besonders in den leitenden und obersten Stellen etwas ganz anderes ist als z. B. die normale Beschäftigung eines Bauleiters oder eines Konstrukteurs. Sie verlangte, wenn man auch über die wissenschaftlichen Grundlagen anderer Meinung sein kann, doch eine von der p r a k t i s c h e n Tätigkeit ganz abweichende Arbeitsrichtung. Diese Richtung haben die „Juristen" fast immer gefunden, die wenigen Techniker, die sie überhaupt hätten versuchen dürfen, waren aber kaum zu diesem Versuch zu bewegen. Die „Juristen", die zur Eisenbahn herübergezogen wurden, waren aber auch oft gar keine wirklichen Juristen (deshalb sind sie ja vom Rechtsprechen und ihrer engeren Fachtätigkeit abgeschwenkt); das waren und sind heute noch Männer, die eine besondere Neigung zu der auch ihnen zunächst ganz neuen Tätigkeit führt, die aber hierfür, unter vollständiger Rückstellung juristischer Interessen, Lust und Liebe mitbringen. Ich habe keinen kennen gelernt, der etwa, weil er doch Privat- und Strafrecht studiert hatte und Jurist genannt wurde, als Eisenbahnjurist noch öfters den Sitzungen einer Zivilkammer seines Wohnsitzes oder den Schwurgerichtsverhandlungen beigewohnt hätte; ich habe auch kein besonderes Interesse an Urteilsbegründungen oder über-

haupt an feineren Rechtsfragen gemerkt. Wohl aber habe
ich den Eifer beobachten können, mit dem diese Beamten
sich Einblick zu verschaffen suchten in das ihnen ganz
fremde Gebiet des Verkehrs und seiner technischen Grundlagen, freilich nicht ohne den Eindruck, daß doch dieses
System der Erziehung ganz widersinnig ist. Warum zwingen
wir diese Beamten, ihre Studienzeit oder doch einen erheblichen Teil davon mit Studien zu verlieren, die für ihre
spätere Berufsbildung nur einen ganz bescheidenen Nutzen
haben können, während gerade das Wesentlichste einer
zweckentsprechenden Bildung vollständig unberücksichtigt
bleibt? Man denke sich den Oberbeamten eines der größten
Verkehrsunternehmen mitten im Berufe des neuzeitlichen
Wirtschaftslebens täglich von den wichtigsten Fragen der
modernen Technik umgeben: der mußte das Kirchenrecht
des Mittelalters studieren, bekam aber als Student niemals
von den Gesetzen der Energieumsetzung auch nur ein
Wort zu hören! Wenn er als Referendar Gerichtsschreiber-
dienst verrichtet, wird er vielleicht in einem Patentprozeß
zum ersten Male etwas von Wärmekraftmaschinen gehört
haben, und wenn er dicht daran stand, Eisenbahndirektions-
mitglied zu werden, wird er vielleicht auch Näheres über
die wichtigste Ingenieurarbeit gehört haben, über dieselbe
Arbeit, die die Grundlage des ganzen Eisenbahnwesens
ist. Solch einem Beamten wird es in den seltensten Fällen
möglich, die innere Fremdheit, mit der er in das neue
Gebiet eingetreten, jemals ganz los zu werden, und das
wird in der Zukunft noch viel schlimmer werden und wirkliche Bedenken verursachen. Diese Ansicht kann nicht
durch die Tatsache gewendet werden, daß wir immer gute
Oberbeamte in der Eisenbahn gehabt haben. Das waren
eben ausgezeichnete Männer, die vermutlich noch mehr
geleistet hätten, wenn sie während ihrer Studienzeit auch
Vertrautheit mit den Gesetzen von Natur und Technik
erlangt hätten. Ein Eisenbahnpräsident, der in seinen auf-
nahmefähigen Jahren sich niemals dauernd und ernstlich
mit dem Wesen der elektrischen Energie bekannt gemacht

hat, wird keine Seltenheit bleiben, wenn das bisherige
System der Erziehung in Geltung bleibt. Ich bin überzeugt, daß es nicht in Geltung bleibt, weil ein größerer
Teil einsichtiger Staatsmänner bald erkennen muß, daß wir
in einer Übergangszeit leben mit ihren notwendigen Un-
gereimtheiten. Es wird einmal ein Staatsminister
kommen, der den Mut hat, die jetzt schon naheliegende
Konsequenz zu ziehen und zu sagen: Die Berufsvorbildung
hat sich nach dem Bedürfnis der Zeit, des Landes und
der Staatseinrichtungen zu strecken, nicht die letzteren
nach Vorurteilen und veralteten Erziehungsmethoden. Vielleicht ist gar der gegenwärtige Minister der öffentlichen
Arbeiten schon durchdrungen von der Richtigkeit einer
solchen Forderung. Dann wäre es aber erst recht un-
richtig, daß die höhern Techniker, die doch in erster Linie
der Staatsverwaltung, nicht ihren einseitigen Standesinter-
essen dienen wollen, jetzt wieder mit Forderungen auf
Gleichstellung kommen.

Da wäre doch richtiger etwa folgendes zu sagen: „Es
ist ja wahr, daß die Älteren unserer Berufsgenossen infolge
ganz unzureichender wissenschaftlicher Ausrüstung für
viele Arbeiten der höheren Verwaltung ungeeignet waren.
Sind doch noch in den 70 er Jahren Baumeister eingetreten,
die auf ihrer Hochschule kaum ein Wort von Recht und
Wirtschaft gehört haben, die auch nur selten Gelegenheit
hatten, länger und eingehender sich mit den Rechtsordnungen im Staatengefüge zu beschäftigen oder praktische Erfahrungen in der Anwendung volkswirtschaftlicher Kenntnisse
zu sammeln. Die Zeiten sind aber andere geworden, ganz
andere. Der kommende Nachwuchs ist jetzt mit theoretisch-wissenschaftlichen Kenntnissen mindestens so gut
ausgerüstet wie ein Referendar. Schaffet, Exzellenz, diesem
Nachwuchs die Möglichkeit des unumgänglich nötigen
zweiten Teils der Vorbildung, die praktische Einführung in die besonderen Berufsgeschäfte der
Eisenbahnverwaltung, und Sie werden in wenig
Jahren eine Auslese halten können unter jungen Beamten,

die wirklich für ihren Beruf, den Beruf der Eisenbahnverwaltung, v o r g e b i l d e t sind. Juristen sind auch ferner
nötig, nicht aber zum Verwalten des Ingenieurwerks, sondern
als wertvolle gutbesoldete und hochgeachtete Iustitiare.
Vorbild ist die staatliche Verwaltung der Bergwerke." So
etwa, oder anders auch. Wir wollen erst neue Pflichten
auf uns nehmen; daß d a n n uns die Rechte verliehen
werden, das hoffen wir vom preußischen gerechten Staat.
Jedenfalls sollte nicht behauptet werden, daß die Vorbildung in ihren beiden Teilen — die Berufsbildung besteht doch aus zwei Teilen — bisher schon gleichwertig
war. Denn die Eisenbahntechniker, in ihrer Gesamtheit
betrachtet, waren den Eisenbahnjuristen, diese wieder in
ihrer Gesamtheit betrachtet, nachdem sie zur Eisenbahn
übergetreten, bisher n i c h t g l e i c h w e r t i g. In diesem
Begriff ist wahrscheinlich der Streitpunkt gelegen. Vom
Standpunkte der Wissenschaften, der Hochschulen, der
Standeswerte mag eine Gleichheit vorhanden gewesen
sein, aber nicht aus dem Gesichtswinkel der obersten
Leitung einer großen Verwaltung. Aber darin gerade
sehe ich die Ungerechtigkeit, die in der neuesten Zeit
fortgesetzt wird, daß die Staatsleitung den jungen Leuten,
die auf Grund der denkbar besten theoretisch-wissenschaftlichen Vorbereitung und unter dem Drange wertvoller Talente die Laufbahn der höheren Verwaltung betreten wollen, den Zugang absperrt, daß sie diese Laufbahn denen nur eröffnet, die die juristische Prüfung bestanden haben. Also eine Prüfung, die doch keineswegs
dieselbe Sicherheit bietet wie die neuerdings auf Technischen Hochschulen eingerichteten Prüfungen für Verwaltungsingenieure. Ein junger Mann, nennen wir ihn A,
besucht neun Jahre das humanistische Gymnasium, ist
dann ein Jahr in einem industriellen Werke oder einer
Eisenbahnhauptwerkstätte tätig, und zwar mit freiwilliger
Stellung unter die Arbeitsordnung. Er studiert dann auf
einer Technischen Hochschule die mathematisch-natur-
wissenschaftlichen Hilfsfächer der Technik, die Rechtslehre

und die Volkswirtschaft, schließt diesen ersten Teil des Studiums mit einer Prüfung (Diplomvorprüfung) ab, wendet sich dann weitere zwei Jahre dem Studium der Energieumsetzungen zu, bzw. den technisch-konstruktiven Eisenbahnwissenschaften, unter gleichzeitiger Vertiefung in Einzelgebiete des Staats- und Verwaltungsrechts, der Finanzwissenschaften und der Eisenbahngesetzgebung; besteht eine zweite (Diplomhaupt-) Prüfung, um nunmehr den praktischen Eisenbahndienst kennen zu lernen, der den Übergang bildet zu einem mehrjährigen Eisenbahnverwaltungsdienst, der wiederum durch eine Prüfung abgeschlossen werden könnte — Eisenbahnassessor. Ein zweiter, B, aus gleichem Hause, mit gleicher Mittelschulbildung, möge die Rechte bei einer juristischen Fakultät studieren. Er verweilt nur drei Jahre auf seiner Hochschule, wendet vielleicht weniger Zeit auf seine Studien und besteht eine erste juristische Prüfung, der später nach einem juristischen Ausbildungsdienst (nicht etwa Eisenbahndienst) die Assessorprüfung folgt. Bei einem Vergleich der beiden A und B ist doch ohne weiteres ersichtlich, daß der erstere für die Eisenbahnverwaltung die wertvolleren Kenntnisse, Fähigkeiten und Erfahrungen mitbringt. Die Konsequenz muß also gezogen werden. Warum machen die höheren Eisenbahntechniker nicht einen solchen Vorschlag? Er hätte den Vorteil, daß er selbst im preußischen Landtag Annahme finden könnte. Die Gleichstellung der technischen Intelligenz mit der juristischen wäre innerhalb eines Menschenalters vollkommen durchgeführt, wahrscheinlich wäre das Verhältnis, wie seit langem schon bei der Bergverwaltung, dann das umgekehrte.

Nur eins ist hier noch hervorzuheben. Die Techniker müssen einsehen, daß in einem Riesenbetrieb, wie die preußisch-hessische Staatsbahnverwaltung, auf einen Obern immer mehrere Untere kommen müssen, daß ohne Unterordnung kein Verwalten, kein Regieren möglich ist. Und weiter, daß das Prinzip der Wirtschaftlichkeit verlangt,

jeden an dem Platz zu verwenden, wo er seinen Fähigkeiten nach die wertvollsten Dienste tun kann. Es wird
kaum oder doch nur ausnahmsweise möglich werden, sich
gleichzeitig konstruktiv-technisch und verwaltungstechnisch
gut vorbilden zu können. Und es wird meistens wohl
auch geboten sein, den genialen Konstrukteur dauernd in
der Tätigkeit zu erhalten, in der er seiner Talente und
seiner Erfahrung nach nicht gut ersetzt werden kann.
Man wird also einen technischen Oberbeamten, der einen
wertvollen Teil seiner Lebensarbeit bisher dem Oberbau
oder den Zugmaschinen gewidmet hat, oder der sein erfolg-
reichstes Arbeitsfeld als Elektroingenieur gefunden hat,
nicht deshalb zum Eisenbahnpräsidenten machen können,
weil er hervorragende Verdienste um das Eisenbahnwesen
sich erworben hat. Die Ingenieure, ich will sie einmal
»wirkliche Ingenieure« nennen, müssen anerkennen, daß
Verwalten auch ein Beruf ist, der wie ihr Ingenieurberuf
ein besonderes Wissen und eine besondere Erfahrung verlangt. Daß es also etwas anderes ist, einer Eisenbahn-
direktion vorzustehen als einer Maschinenwerkstätte; etwas
anderes, die große Verwaltung zu repräsentieren, als ein
Kraftwerk zu erbauen und zu betreiben. Sie dürfen aber
auch gewiß sein, daß in 30 Jahren, wenn wieder einmal
eine Denkschrift herausgegeben wird, unter den Präsidenten
und Ministerialdirektoren nur noch ganz wenige »Juristen«
und die Stellen von Direktionsmitgliedern fast ohne Ausnahme von »Technikern« besetzt sein werden. Ich würde
in diesem Zustand die Erfüllung aller gerechten Forderungen erblicken, weil ich sicher bin, daß die Verwaltungsingenieure der höheren Stellen schon dafür sorgen werden,
daß der technischen Intelligenz die ihr gebührende Stellung
in Titeln und Gehalt zuteil wird. Übrigens der recht un-
schöne Titel Inspektor ist dann längst verschwunden, und
die jetzt dringenden Gehaltsaufbesserungen und die Aus-
gleichungen bestehender Ungerechtigkeiten werden hoffent-
lich dann auch längst bewirkt sein. Ich will aber auch be-
kennen, daß mich nicht das Standesbewußtsein zu dem

Vorschlag zwingt, sondern die Überzeugung, daß ein altes System, bis zur Erstarrung beibehalten, uns allen schadet, die wir Angehörige nicht eines einzelnen Berufes, sondern eines Staates sind. Nicht weil die Techniker, sondern weil die ganze Volksgemeinschaft unter dem gegenwärtigen System der Beamtenerziehung leidet, deshalb ist es verkehrt und deshalb sollte es verlassen werden.

Neue Männer für das neue Jahrhundert.

Vor wenigen Jahren hat sich der preußische Landtag mit dem Problem beschäftigen müssen, wie die rückständig gewordene Vorbildung der höheren Verwaltungsbeamten wieder in zeitgemäße Bahnen gebracht werden könne. Das vorläufige Resultat seiner ungewöhnlich langen Beratungen war das Gesetz „über die Befähigung für den höheren Verwaltungsdienst" (1906). Dieses Gesetz enthält in seinem ersten Paragraphen die fundamentale Bestimmung, daß nur derjenige Akademiker zur Laufbahn der höheren Verwaltung zugelassen werden könne, der die erste juristische Prüfung bestanden hat. Es sagt also — wie dies die Motive des Gesetzes noch deutlicher ausgesprochen haben —, daß auch in dem neuen Jahrhundert die Universität die einzige Hochschule sei, welche allein die wissenschaftlichen Grundlagen für das gewaltig gewachsene Gebiet der höheren Verwaltungen vermitteln könne. Und weiter, daß das Berufsstudium für die umfassendste Tätigkeit der neuzeitlichen Staatsführung auch fernerhin mit dem Studium derjenigen Akademiker verbunden bleiben müsse, die einmal Richter und Rechtsanwälte werden wollen. Der schwierigste und für die Zukunft unseres Vaterlandes wichtigste Berufsstand brauche kein eigenartiges Hochschulstudium; er möge auch fernerhin Kostgänger der Jurisprudenz bleiben! Ich glaube, daß die Gesetzgeber hierbei etwas übersehen haben. Etwas sehr Wichtiges. Auf dieses Übersehen möchte ich hinweisen.

Es hat in Deutschland schon einmal eine Zeit gegeben,
da hatte man erkannt, daß Rechtsgelehrte, so auf den
Universitäten studiert hatten, für den praktischen Staatsdienst nicht ohne weiteres brauchbar waren, und daß es
auch unrätlich erschien, die Beamten der Kammer-Polizei-
und anderer Wirtschaftskollegien von den untersten Stellen
herauf allein durch praktische Betätigung in den Geschäften
der Verwaltung zu erziehen. Man hatte eingesehen, daß
auch die Verwaltungsbeamten der akademischen Bildung
nicht entraten konnten, daß sie aber auch ein ganz besonderes Berufsstudium erhalten müßten, sollte überhaupt
das Studieren einen Zweck haben. Das war im Anfang
des 18. Jahrhunderts; der Preußenkönig Friedrich Wilhelm I.
verlangte zuerst von seinen Kammerreferendarien ein akademisches Studium. An seinen Landesuniversitäten er-
richtete er (1727 erstmalig) Lehrstühle für Kameralia. Man
müßte zwar Juristen haben, meinte er, aber neben der
rechtschaffenen und wahren Jurisprudenz auch auf „Politica,
oeconomica und cameralia, so man im Lande würklich
gebrauchen könnte" Gewicht legen.[1]) Die jungen Beamten
sollten nicht, wenn sie in ihre Stellungen einträten, „von
vorn anfangen", sondern die Prinzipia und Fundamenta
des Cameral-Polizey- und Oeconomie-Wesens mitbringen.
Dem Beispiel Preußens folgten andere Staaten, und
bald war überall die Ansicht durchgedrungen, daß für
einen „Politicus" die bloße Erkenntnis der Rechte aus
den Pandekten und die Lehre von den bürgerlichen Prozessen nicht mehr genüge; daß es vielmehr eine der
wichtigsten und nötigsten Wissenschaften sei, auf eine
zur wirklichen Ausübung geschickte Art und Weise zu
wissen, wie ein Land immer reicher zu machen, wie dessen
Reichtum zur Sicherheit, zur Notdurft und zum bequemen
Lebensunterhalt der Glieder eines Staates immer besser
anzuwenden sei usw. Staatswissenschaft war die Wissen-

---

[1]) Nach Stieda, „Die Nationalökonomie als Universitätswissenschaft". Leipzig 1906.

schaft der Verwaltung geworden. Wer dem Staat in ökonomischen, Polizei-, Kammer- und Finanzämtern dienen
wolle, müsse die Fähigkeit erlangen, jedes Handwerk, jede
Fabrik, jeden Ackerbau, ja alle wirklichen Privatwirte zu
regieren. Und die der Staatswirtschaft dienenden Wissenschaften, wie Staatskunst, Polizei-, Kommerzien-, Berg-
werks-, Kameral- und Finanzwissenschaft nebst der Haus-
haltungskunst oder Ökonomie ständen alle in einem unzertrennlichen Zusammenhang miteinander. Gegen Ende
des 18. Jahrhunderts umfaßte der Unterricht in den damaligen Staatswissenschaften neben der Jurisprudenz die
Land- und Forstwirtschaft, Bergwerkskunde, Chemie, Gewerbelehre, Technologie, Handlungswissenschaft, Mechanik,
bürgerliche und Kriegsbaukunst u. a. Ein Studienplan
vom Jahre 1785 zeigt den Umfang eines dreijährigen
Studiums für zukünftige Verwaltungsbeamte.

I. S e m e s t e r. 1. Enzyklopädie und Methodologie der
Kameralwissenschaften. 2. Logik und Metaphysik zusammen
oder jedes besonders. 3. Mathematik. 4. Botanik. 5. Zeichnen.

II. S e m e s t e r. 1. Allgemeine Weltgeschichte. 2. Physik.
3. Chemie. 4. Mineralogie. 5. Angewandte Mathematik.

III. S e m e s t e r. 1. Landwirtschaft. 2. Natur- und Völkerrecht. 3. Berg- und Hüttenwesen. 4. Praktische Philosophie.
5. Europäische Staatengeschichte.

IV. S e m e s t e r. 1. Technologie. 2. Der Staatslehre erster
Teil und vornehmlich die Polizeiwissenschaft. 3. Deutsche
Reichs- und vaterländische Geschichte. 4. Vieharzneikunde.
5. Baukunst.

V. S e m e s t e r. 1. Europäische Statistik. 2. Deutsche
und preußische Statistik. 3. Der Staatslehre zweiter Teil und
vorzüglich Finanzwesen und auswärtige Politik. 4. Handlungswissenschaft. 5. Landwirtschaft.

VI. S e m e s t e r. 1. Ökonomie und Kameralrecht. 2. Deutsches Staatsrecht. 3. Technologie. 4. Philosophische Geschichte. 5. Enzyklopädische Wiederholung der Hauptwissenschaften.

Von dem Akademierat der Bonner Hochschule war
im Jahre 1786 folgender Studienplan aufgestellt worden:

I. H a l b j a h r. 1. Jus naturae. 2. Mathematik, a) Algebra, b) Geometrie, c) Trigonometrie.

II. H a l b j a h r. 1. Naturgeschichte. 2. Mathematik, a) Nivellieren und die Anwendung der vordem gegebenen Teile der Mathematik.

III. H a l b j a h r. 1. Kameral- und Finanzwissenschaft. 2. Mathematik, a) Mechanik, b) Hydraulik, c) bürgerliche Baukunst insoweit sie nötig, ein Gebäude zu beurteilen.

IV. H a l b j a h r. 1. Kameral- und Finanzwissenschaft, 2. Mathematik, a) die Art, wie ein Anschlag, b) Baurisse und geometrische Pläne zu verfertigen.

V. H a l b j a h r. 1. Kameral- und Finanzwissenschaft. 2. Statistik.

VI. H a l b j a h r. 1. Kameral- und Finanzwissenschaft. 2. Mineralogie und Metallurgie.

Für diesen Unterricht waren neben der Universität besondere Lehranstalten entstanden (Akademien, Kameral-Hohe-Schule), die aber wieder verschwanden bzw. mit der Universität verbunden worden sind. An der Mainzer Universität bestand eine besondere Kameral-Fakultät. Für den kurmainzischen Staatsdienst war auch schon frühzeitig eine Prüfung in den Berufsfächern angeordnet.

Die allgemeine Einführung dieser Berufsbildung hat mit vielen Schwierigkeiten zu kämpfen gehabt. An einigen Stellen sind es die Juristen gewesen, die der Einführung der neuen Wissenschaften unfreundlich gegenüberstanden, es ist aber doch ein kräftiger Anfang gemacht worden. Man kann von einem wirklichen Berufsstudium reden, das in vielen Staaten zu einer bewährten Institution geworden war. An ihr haben die Staatsmänner bis weit in das 19. Jahrhundert festgehalten, so lange, b i s e s d u r c h b e s o n d e r e U m s t ä n d e n o t w e n d i g w u r d e, d i e s e e i g e n a r t i g e B e r u f s b i l d u n g a u c h a n d e n U n i - v e r s i t ä t e n a l l m ä h l i c h w i e d e r a u f z u g e b e n. Der Rückschritt setzt schon in den ersten Jahrzehnten des 19. Jahrhunderts ein, wird aber erst in den 50er und 60er Jahren ganz deutlich. Er steht in engem Zusammenhang mit der Loslösung wichtiger Unterrichtsgebiete von der

Universität und mit der Gründung neuer Lehranstalten
für Forst- und Landwirtschaft, Bergbau und Technik. In
dem Maße, wie diese Gebiete außerhalb der Universität
gepflegt wurden und an Bedeutung und Umfang zunahmen,
sind sie an den Universitäten immer weiter vernachlässigt
worden und schließlich ganz verkümmert. Das ist ein
bemerkenswerter Vorgang. Dementsprechend mußten natürlich auch in den Prüfungen (die mit dem Beginn des
vorigen Jahrhunderts allgemeiner wurden) diese Fächer
gestrichen werden. An ihrer Stelle macht sich die Jurisprudenz breit; es entstanden die Loblieder auf die vorzügliche Geistesbildung, welche die juristische Schule
gewähre; es wurden die praktischen Vorteile aufgefunden,
welche die Vereinigung des Unterrichts für Verwaltung
einerseits mit Rechtspflege anderseits gewähre, und schließlich war das „ganze Wohl und Wehe der Volksgemeinschaft" in der Hand der Juristen. Danach hat das vorige
Jahrhundert den Begriff „höhere Verwaltung" gebildet,
bei dem das juristische Element als das Wesentliche erscheint. Und das ist endlich so weit gegangen, daß
unsere Zeit in jedem Juristen — ja, in jedem, der einmal
bei einer juristischen Fakultät eingeschrieben war, die
Fähigkeit zu der schwierigsten Tätigkeit ohne weiteres
voraussetzt. Die Motive des erwähnten preußischen Gesetzes in seiner Fassung von 1903 (das Gesetz ist mehr-
mals vergeblich vorgelegt worden) enthielten den Satz:
„Was die wissenschaftliche Vorbildung dieser Beamten
für ihren Beruf anlangt, so müssen die Grundlagen dazu
naturgemäß auf der Universität gewonnen werden; dafür,
daß dies geschehen, ist der Nachweis in der ersten
juristischen Prüfung zu erbringen." In dem endgültig angenommenen Gesetze (von 1906) heißt es dann sogar,
daß man zum höheren Verwaltungsdienst durch zwei Prüfungen befähigt werde, von denen die erste (die den Eintritt in die Laufbahn eröffnet) eine juristische ist und
dazu noch dieselbe Prüfung, welche auch die zukünftigen
Beamten der Justiz abzulegen haben. Das ist eine gewiß

merkwürdige Ideenverbindung, wenn man weiß, wie
wenig doch gerade die privat-, straf- und pro-
zeßrechtliche Schulung, die den Hauptinhalt
des juristischen Studiums ausmacht, diejenigen wissenschaftlichen Grundlagen zu
vermitteln vermag, die heute zur Tätigkeit
einer erfolgreichen Verwaltung nötig sind.
Wir sind bereits so von dem Idol geblendet, daß wir das
Törichte und Widersinnige des ganzen Systems nicht
mehr zu erkennen vermögen. Diese Entwicklung ist noch
besonders gefördert worden durch den Umstand, daß die
neuen Lehrstätten, welche den an den Universitäten nicht
mehr entwicklungsfähigen Unterricht aufnahmen, als Fach-
schulen gegründet wurden und lange Zeit durch ihr
Unterrichtsprogramm auf ein enges Gebiet begrenzt
blieben; selbst als sie bereits nach ihrem ganzen Unterrichtsbetrieb zu Hochschulen geworden waren, sind doch
die aus ihnen hervorgehenden Akademiker — so gründlich
ihr Studium und so umfassend ihre Kenntnisse auch waren
— als einseitige Fachleute ins Leben getreten. So besonders in der Mitte des vorigen Jahrhunderts, bis in die
achtziger Jahre hinein, gerade in der Zeit, in der die
Wandlung im innern Staatsleben eine große Zahl neuer
Verwaltungsämter werden ließ. Als die Eisenbahnen geschaffen wurden, haben die Ingenieure wohl gebaut und
unaufhörlich konstruiert, gerechnet und Neues erfunden.
Für die Einrichtung einer Verwaltung ihrer großen Werke,
für deren Einpassung in den Organismus der bestehenden
Staatsverwaltung, für die Repräsentation haben sie aber
nur selten ihre Kraft zur Verfügung gestellt. Da mußte
der Jurist zu Hilfe geholt werden — schon für die einfachsten Aufgaben, die man früher als nicht „technisch"
bezeichnete. Als damals das Bahngelände zu erwerben
war, als das Gesetz über die Enteignung zu schaffen war,
als Personal- und Tariffragen entstanden, da brauchte man
Juristen. Auf diesen Gebieten hatte der Techniker von
damals nichts gelernt. Juristen kamen auch, wo man sie

n i c h t brauchte, und sie haben es immer verstanden, den
Techniker zum Gehilfen zu machen, der willig sich in
diese Rolle schickte. Wenige Jahrzehnte genügten, um
gerade in jener wichtigen Übergangszeit, da die Technik
und ihr Unterrichtsbetrieb (ihre Schule) in rascher Entwicklung standen, die Überzeugung zu festigen, daß einerseits die Techniker sich nicht eigneten zum Verwalten —
nicht einmal ihrer eigenen Schöpfungen — und daß anderseits der Jurist sich in alle Gebiete einarbeiten könne.
Das ist ein Menschenalter so gegangen. Die Juristen
haben sich wirklich auf vielen ihrer ganzen Erziehung
ferner liegenden Gebieten eingearbeitet — diese Aner-
kennung darf ihnen nicht vorenthalten werden. Aber
gleichzeitig hat sich auch eine Wandlung in der Erziehung der Techniker vollzogen, d i e d e r g e g e n -
w ä r t i g r e g i e r e n d e n G e n e r a t i o n d e r V e r w a l -
t u n g s b e a m t e n s o w i e d e n m e i s t e n M i t g l i e d e r n
d e r V o l k s v e r t r e t u n g u n b e k a n n t g e b l i e b e n i s t.
Das ist es, was bei dem preußischen Gesetz „über
die Befähigung für den höheren Verwaltungsdienst" übersehen worden ist. Sowohl die Beamten der höheren Verwaltung (welche die Gesetze vorbereiten) als auch die
Volksvertreter (welche die Entwürfe gutheißen) wissen
ganz genau, daß das juristische Studium, wie es jetzt
betrieben wird, jedenfalls ein ganz unzulängliches Berufsstudium für Verwaltungsbeamte ist; sie geißeln sogar den
bestehenden Zustand mit scharfem Spott, behaupten, daß
der juristische Unterricht den zukünftigen Beamten „so
gut wie nichts" biete, „bedauern jede in den Hörsälen
verbrachte Stunde als verlorene Zeit" usw. Sie haben
wohl auch längst schon eingesehen, daß nur eine Um-
kehr zu der Richtung der alten Schule die erwünschte
und dringend notwendige Besserung bringen könnte. Bei
der Einführung der Berliner Kurse „für staatswissenschaftliche Fortbildung" ist noch vor kurzem gesagt worden,
daß die Berufsbildung wieder mehr die Betonung des
„kameralistischen" Unterrichts erfordere. Das war vor-

dem schon durch das Unterrichtsprogramm dieser Kurse zugegeben worden. (Man vergleiche einmal das Exkursionsverzeichnis der Kölner Kurse — die ebenso wie die Berliner Kurse der Fortbildung von Verwaltungsbeamten dienen — mit dem heutigen Studienprogramm eines Studierenden der Jurisprudenz). Schließlich ist doch auch das unter ungewöhnlichem Aufwand an Entwürfen und Verhandlungen zustande gekommene Gesetz in seinem wesentlichen Teile — der allein eine Änderung gegenüber den früheren gesetzlichen Bestimmungen gebracht hat — eine Absage an die Jurisprudenz. Und trotz alledem vermögen sie den Weg nicht zu finden.

Wenn die Gesetzgeber das Land immer wieder festlegen auf die Notwendigkeit, die Führerschaft der Nation ausschließlich dem Kreise derjenigen Akademiker zu entnehmen, welche die Rechte zünftig studiert haben, so verkennen sie vollkommen die Grenzen des juristischen Unterrichts. Sie ignorieren aber auch die Entwicklung in anderen Wissenschaften und anderen Hochschulen. Das ist bis zu einem gewissen Grade erklärlich durch den Umstand, daß die Gesetzgeber die neuen Hochschulen, die in rascher Entwicklung der alten Universität gleichwertig zur Seite getreten sind, gar nicht kennen. Sie kennen kaum ihren Namen; von dem Umfang der Lehrfächer und von dem Bildungswerte der hier gepflegten Wissenschaften haben sie keine richtige Vorstellung. „Der höheren (akademischen) Ausbildung auf gewerblichem Gebiete dienen die technischen Hochschulen in Aachen, Hannover und Berlin." Mit diesem einen Satz wird in dem weitverbreiteten und angesehenen Handbuch des Regierungspräsidenten Grafen Hue de Grais z. B. die Bedeutung dieser Bildungsstätten gekennzeichnet! Dabei wird an diesen Hochschulen neben den technischen Disziplinen — die doch auch staatswissenschaftlich behandelt werden können — an Staatswissenschaften, Rechts- und Wirtschaftswissenschaften, mehr gelehrt, als ein Studierender in kurzer Studienzeit aufnehmen kann. An der Char-

lottenburger Hochschule besteht z. B. ein Unterricht (für
Verwaltungsingenieure, wie die Kandidaten ganz zutreffend
bezeichnet werden), der ohne weiteres erkennen läßt, wie
irreführend die noch immer geltende Anschauung von dem
Bildungswert des technischen Hochschulunterrichts ist.
Das Studium ist — wie für alle Richtungen an den Technischen Hochschulen — vierjährig; bei den Juristen der
Universität in Preußen nur dreijährig. Neben den mathe-
matisch - naturwissenschaftlichen Hilfswissenschaften, die
zur Einleitung in das Studium der Technik erforderlich
sind, hört der Student vom ersten Semester an Volkswirtschaft und muß in einer ersten Prüfung (Diplomvorprüfung) die grundlegenden Kenntnisse auf diesem Gebiete nachweisen. Ungenügende Kenntnisse schließen das
Bestehen der Prüfung aus. (Man vergleiche damit, was
in den Landtagsverhandlungen, dasselbe Gebiet betreffend,
von der juristischen Prüfung gesagt worden ist; auch die
Tatsache, daß Volkswirtschaft nach einzelnen deutschen
Prüfungsordnungen gar nicht Gegenstand der juristischen
Prüfung ist.) In dem folgenden Stadium beschäftigt sich
der Verwaltungsingenieur dann weiter mit Volkswirtschaftspolitik, mit Einzelheiten der Wirtschaftswissenschaften
(Geld-, Bank- und Börsenwesen — seminaristisch), Einführung in die Rechtswissenschaften, Überblick über Staats-
und Verwaltungsrecht, Einzelgebiete des Rechts und der
Gesetzgebung, Handels-, Gewerbe-, Baurecht mit Sozial-
gesetzgebung u. a. In der Diplomhauptprüfung nach acht-
semestrigem Studium werden Finanzwissenschaften, Sozial-
gesetzgebung, Verwaltungsrecht geprüft. Auch über Sprachkenntnisse hat sich der Ingenieur auszuweisen. Berücksichtigt man hierbei, daß das Studium viel länger ist als
das juristische, daß die Ingenieurwissenschaften (die seinen
Hauptinhalt bilden) doch auch zu den Staatswissenschaften
gehören, besonders aber, daß der ganze Unterricht an
diesen Hochschulen intensiv betrieben wird und daß die
Studierenden ihr Studium ernster aufnehmen als ihre
Kommilitonen im offiziellen „Berufsstudium" der höheren

Verwaltung, so ist wohl auch hieraus zu erkennen, was
die Gesetzgeber übersehen haben. Erklärlich ist das
alles, wie gesagt, auch verständlich. Die „erste Hypothek" sollte ja gesichert werden. Aber die Gefahr, die
bei dieser Form des Gesetzes der Volksgemeinschaft
droht, scheint doch zu gering eingeschätzt zu sein.

Wenn wir noch eine Generation unserer zukünftigen
Führerschaft durch die juristische Prüfung quälen, so wird
man bald bei einem erheblichen Teile derselben von akademischer Bildung überhaupt nicht mehr reden können. Was
das heißt, mögen sich diejenigen überlegen, die sonst so
stolz von ihrer akademischen Bildung auf andere herab-
sehen. Will man wirklich nicht hören auf die Mahnungen,
die von wohlmeinenden Kennern der Verhältnisse uns
immer wieder vorgehalten werden? „Unsere juristische
Jugend", so sagt ein Universitätslehrer, „pflegt vielmehr
ihr Berufsstudium als überaus langweilig einzuschätzen,
als ein notwendiges Übel, das man in Rücksicht auf die
praktischen Vorteile der künftigen Lebensstellung eben
auf sich nehmen muß. Infolgedessen bleibt gerade in
dem Berufsstand, der für den modernen Staat der allerwichtigste ist, der in Gesetzgebung, Rechtsprechung, Verwaltung gleichmäßig dominiert und praktisch das ganze
Wohl und Wehe der Volksgemeinschaft in der Hand hat,
die Mehrzahl seiner Mitarbeiter zeitlebens Stümper in
ihrem Fach, unfähig, sich über die Schablone der Geschäftsroutine zu erheben, und für die Mitarbeit an den
schweren sozialen Problemen der Gegenwart ganz untauglich. Welche Unsummen von politischen, wirtschaftlichen, ethischen Werten hat dieses Stümpertum uns schon
vernichtet." („Tag", 8. Mai 06.) Gibt es nicht zu denken,
wenn ein Verwaltungsbeamter die bestehenden Mängel
folgendermaßen beurteilt: „Der Beruf der Verwaltungsbeamten ist ein eminent praktischer, auf konkrete Lebensverhältnisse angewandter; man darf wohl vermuten, daß
die jungen Leute, die ihn aus Neigung zu seiner besondern
Art ergreifen (und nicht aus andern Gründen), dies tun,

weil sie bewußt oder unbewußt die Fähigkeit besitzen,
praktisch gestaltend in die Verhältnisse des Lebens einzugreifen, weil sie mehr praktisch als theoretisch, mehr
real als abstrakt veranlagt sind. Und dieser Veranlagung
der künftigen Verwaltungsbeamten bietet die juristische
Fakultät so gut wie nichts." Das deutsche Volk bezahlt
seine Hochschulen doch auch, um eine wissenschaftlich
und geistig hochstehende Führerschaft zu erhalten. Wenn
nun immer wieder gesagt werden muß, daß die studierende
Jugend diese ihr gebotene Gelegenheit zu wissenschaftlichen Arbeiten nicht benutzen will oder nicht benutzen
kann, so zwingt doch allein schon das zu bewahrende
Ansehen der höchsten Bildungsstätten, auf Mittel zur Ab-
hilfe zu sinnen.

Ich glaube ein solches Mittel zu kennen. Es belastet
weder den Etat der Staaten, noch macht es irgendwelche
besonderen Maßnahmen notwendig. Nur ein Zusatz zu
dem vorerwähnten Gesetz von 1906 wäre nötig: „Die
Regierungspräsidenten werden ermächtigt, neben den Ge-
richtsreferendarien auch solche Kandidaten zur Ausbildung
in den Geschäften der Verwaltung aufzunehmen, welche
eine landwirtschaftliche, Handels- oder Technische Hochschule vier Jahre mit Erfolg besucht und sich über ein
ausreichendes Maß an Kenntnissen der Staatswissenschaften ausweisen können. Diese Kandidaten können,
sofern sie in einer einjährigen praktischen Beschäftigung
ihre Befähigung für den Beruf der Verwaltung dargetan
haben, zu Regierungsreferendarien ernannt und demnächst
nach Ablegung einer besonderen Prüfung als Regierungsassessoren in den Staatsdienst übernommen werden. Über
die besondere Prüfung bleiben Bestimmungen vorbehalten."
Dies mein Vorschlag. Zu seiner Begründung will ich
nur noch einmal an eine Mahnung C. v. Massows erinnern,
der in seinem Buche „Reform oder Revolution" vor
13 Jahren schon darauf aufmerksam machte, daß unsere
Nation arm zu werden beginnt an Männern, die ihre Zeit
verstehen. „Wir müssen dem 20. Jahrhundert Männer

geben, die gelernt haben, das 19. zu verstehen." Der
Verfasser, der sich besonders auch mit einer Reform der
inneren Staatsverwaltung beschäftigte, wollte den Kampf
gegen die Mächte des Umsturzes mit den Waffen des
Geistes geführt wissen. „Darum müssen wir, wenn wir
reformierend vorgehen wollen, zu allererst die den oberen
Schichten unserer Nation entsprossene und entsprießende
Jugend ausrüsten mit den echten und rechten Waffen.
Findet eine Zeit nicht die für sie passende Generation
vor, so nützen ihr auch die besten Institutionen und die
günstigsten Umstände nichts. Hat sie die richtigen
Männer, so macht sich in einem gewissen Sinne alles
übrige von selbst." Einschalten muß man „an der
richtigen Stelle." Die richtigen Männer hat Deutschland, aber sie können nicht an der richtigen Stelle verwendet und nicht zur Geltung kommen. Vertreter der
Regierungen und Parlamentarier beteuern, was an ihnen
gelegen, solle geschehen, damit zukünftig nur noch die
Tüchtigsten Platz finden in der höheren Verwaltung als
Führer der Nation. Wie wollen sie das anfangen, wenn
sie die wissenschaftliche Vorbildung beschränken auf die
juristische Schulung und alle anderen Richtungen aus-
schließen? Denn das ist doch der tiefere Grund
unserer jetzigen Miseren, daß wir alle jungen
Leute, welche die Fähigkeit besitzen, praktisch gestaltend in die Verhältnisse des Lebens
einzugreifen, zwingen, ihre ganze Studienzeit
der Jurisprudenz zu widmen, damit sie die
juristische Prüfung bestehen können (ohne die
der Zutritt zur Laufbahn gesperrt ist). Mit den fähigen,
arbeitsamen und zielbewußten jungen Männern, die wir
auf diese Weise der Verwaltung sichern, locken wir aber
auch eine große Zahl von solchen an, die ohne Interesse,
ohne Arbeitslust und vielfach nach Äußerlichkeiten beurteilt, in die Führerstellen aufrücken, während die Intelligenz aller derjenigen, welche sich auf anderen Hochschulen die wertvollsten Grundlagen zu einer Verwaltungs-

tätigkeit erworben haben, dem Staat verloren gehen. Daß ein großer Teil unseres werktätigen Volkes, breite Massen der Arbeiterschaft, der Führung des Staates nicht mehr folgt, darf auf die gleiche Ursache zurückgeführt werden. Die Mehrzahl der Assessoren und jungen Räte ist in der ganzen Vorbereitungszeit weit vorbeigeführt worden an den Erkenntnisgebieten, in denen heute das Verständnis der Zeit gesucht werden muß — auch solche, die mehr praktisch als theoretisch, mehr real als abstrakt veranlagt sind. Sie sind alle — ganz ohne Rücksicht auf besondere Anlagen — so erzogen worden, als ob sie Juristen werden sollten; sie haben von dem Staats- und Wirtschaftsleben der neueren Zeit nur das kennen gelernt, was zum Recht in Beziehung getreten, und nur so weit, als Beziehungen überhaupt vorhanden waren. Sie haben — wie die Motive des Befähigungsgesetzes sagen — gelernt, „praktische Lebensverhältnisse unter rechtliche Begriffe zu subsumieren". Diese Erziehung, unterschiedslos bei dem ganzen Nachwuchs angewandt, hat das gegenseitige Verstehen zwischen den Regierenden und der großen Masse der Regierten immer schwerer gemacht. Die A r b e i t auf der einen, das R e c h t auf der anderen Seite. Der Rechtskundige hat den Arbeitskundigen nicht mehr begriffen und umgekehrt. Da fehlte das Verbindende. Die höhere Verwaltung von früher h a t t e die Verbindung in jedem ihrer Beamten, der in seiner Studienzeit die wissenschaftlichen Grundlagen der damaligen Wirtschaftsbetriebe erworben hatte. Beim Eintritt in seine Berufsaufgabe war er wenigstens nicht ganz ohne Kenntnis der wichtigsten Arbeitsgebiete des zu regierenden Landes. Das fehlt dem heutigen Nachwuchs, und das kann ihm nur durch die von den neuen Hochschulen kommenden Akademiker wieder zugeführt werden. Es ließe sich noch manches zugunsten des Vorschlags anführen. Er hat aber auch einen Nachteil, den ich nicht verschweigen will — der Vorschlag ist in seiner Ausführung zu einfach. —

Binnenländischer Professoren-austausch.

Sie gehen hinüber; sie kommen herüber. Gewiß ein weitsichtiger Plan und eine dankbare Arbeit im Interesse des Völkerfriedens. Um sich gegenseitig kennen, um sich verstehen und würdigen zu lernen. Ein hohes Ziel. Der Gedanke kann auch noch auf andere Weise fruchtbar werden. Nicht auf internationalem Felde, sondern bei uns zu Hause im deutschen Binnenlande. Im Reiche der Wissenschaften fehlt es hier noch vielerorts an gegenseitigem Verstehen. Und nicht allein das könnte den Gedanken eines binnenländischen Professorenaustausches wachrufen. Es ist ein näher liegendes Ziel, das hier verfolgt werden sollte.

Wir haben bisher unsere Hochschulen noch viel zu wenig für die Verwaltung unseres Landes nutzbar gemacht. Nicht nur für die höhere Verwaltung der Staaten, die doch unsere ernsteste Sorge verlangt — auch für die vielen Verwaltungen der Städte, der kommunalen Verbände und der wirtschaftlichen Körperschaften. Überall fehlt es hier — wie gewiß zugegeben wird — an zweckmäßiger Ausbildung der Beamten. Und an frühzeitiger wissenschaftlicher Vorbereitung, muß hinzugesetzt werden. Denn das wird man auch zugeben müssen, daß es dem Ernst und dem Pflichteifer unserer führenden Beamten trotz aller Mängel, die ihr Hochschulstudium aufweist, doch immer wieder gelungen ist, sich nachträglich dasjenige an Wissen und Können zu erwerben, was ihr Beruf erfordert. Nachträglich — das ist aber leider ein schweres Hemmnis unserer staatlichen und wirtschaftlichen Entwicklung. Unsere Beamten werden zu spät auf das hingewiesen, was sie für ihre Berufsaufgaben brauchen. Als vor einigen Jahren im preußischen Landtag ein Gesetz beraten wurde, das der Reform des Berufsstudiums bestimmt war (zu der gewollten Reform ist es bekanntlich nicht gekommen), ist am Regierungstisch zugegeben worden, daß die Referendare „lebensfremd" von ihrer Hochschule kommen. Dieselben, die wenige Jahre später schon Führer des Lebens sein sollen!

Die ungenügende wissenschaftliche Vorbildung der zukünftigen Verwaltungsbeamten hat die Gründung einer Gesellschaft veranlaßt, die es sich zur Aufgabe gestellt hat, für staatswissenschaftliche „Fortbildung" zu sorgen. Wir müssen den Männern, die ihre Kraft an dieses Unternehmen gesetzt haben, von Herzen dankbar sein. Ihre Arbeit hält die schlimmsten Gefahren auf; sie wird auch die Erkenntnis reifen lassen, daß das Berufsstudium der Verwaltungsbeamten etwas ganz anderes sein muß, als das Studium der Richter und Rechtsanwälte. Sie selbst wissen es; das wird auch aus ihrem Unterrichtsprogramm klar. Wenn der Unterricht, der in den staatswissenschaftlichen Fortbildungskursen erteilt wird, eine Fortbildung ist, so muß das gleiche Unternehmen aber auch darauf dringen, daß die Grundlagen für diesen Unterricht schon auf der Hochschule der Verwaltungsbeamten gelegt werden. Das ist bisher nicht der Fall. Das Programm weist Unterrichtsgebiete auf, für die das Studium auf der Universität bis dahin keinen Platz hatte, und die daher den Hörern der Kurse erst hier erschlossen werden. Die „Fortbildung" beginnt zum Teil mit den Elementen. Muß es nicht richtiger erscheinen, diese schon auf der Hochschule, d. h. der Universität, beginnen zu lassen? In den letzten Jahren ist wiederholt behauptet worden, daß das Studium der

Rechtswissenschaften, das doch in erster Linie für zukünftige Richter und Rechtsanwälte bestimmt ist, vielen
für die Verwaltung besonders begabten Studierenden keine
nachhaltige Anregung zu wissenschaftlicher Arbeit biete.
Ein guter Kenner der Verhältnisse meinte alles Ernstes,
er müsse deshalb „mit vielen seiner Berufsgenossen jede
in den Hörsälen zugebrachte Stunde als verlorne Zeit
bedauern". Ein anderer sagte, es sei „dringend erforderlich, daß das Juristentum in der Verwaltung auf ein Mindestmaß eingeschränkt" werde. Ähnliche Urteile sind in
großer Zahl von zuverlässigen Kritikern bekannt geworden.
Man darf deshalb ihre Berechtigung als gegeben ansehen.

Wäre es nicht besser wenigstens einem Teile der
Studierenden nahezulegen, die Zeit, die sie durch Aus-
fall der für sie minder interessanten Vorlesungen gewinnen,
auf andere Wissenschaftsgebiete zu verwenden? Etwa
auf solche, die sie zu ihrer Fortbildung später auch hören
müssen — später, wenn sie einmal Assessor oder Landrat
geworden? Wenn man den Eifer und die Freude beobachtet, mit der diese Beamten das ihnen Gebotene aufnehmen, so wird man überzeugt sein müssen, daß die
Einschaltung einiger Vorträge anderer Wissensrichtung
das Studium nur günstig beeinflussen könnte. Wir müssen
bedacht sein, daß unsere studierende Jugend ihre Hochschuljahre wirklich im Sinne wissenschaftlicher Arbeit
ausnutzt; jede Belebung muß daher willkommen sein.

Was die Referendare „lebensfremd" macht, das ist
das Fehlen naturwissenschaftlich-technischer und wirtschaftlicher Anschauung. Sie sind auf Mittelschule und Hochschule zu weit vorbeigeführt worden an Erkenntnisgebieten,
ohne deren Verständnis auch das Leben nicht mehr verständlich wird. Gerade das Leben, in das sie die Verwaltung hineinführt. Dieser Mangel könnte gehoben
werden, wenn ihnen, zunächst ohne den Zwang des Prü-
fungswissens, aus diesem Gebiete eine Reihe von Vor-
trägen gehalten würden. Einführung in das Verständnis
der Landwirtschaft, einzelne Kapitel der Ingenieurwissen-

9 *

schaften, der Bau- und Maschinentechnik, der Technologie, verkehrs- und wirtschaftswissenschaftliche Unterweisungen — das wäre ein Weg, das Interesse zu wecken und Grundlagen für staatswissenschaftliche Fortbildung zu schaffen. Das wäre ein Ersatz auch für das Übermaß an Juristentum, das fortfallen muß oder schon fortgefallen ist. Und hierfür ist ein binnenländischer Professorenaustausch das beste Mittel. Wenigstens vorläufig, bis ein Ersatz durch dauernde Einrichtungen geschaffen wird. So gut wie wir Professoren über See schicken, könnten wir ihre Lehrkraft auch für die vorliegende Aufgabe nutzbar machen — sie ausnutzen im Interesse unserer einheimischen Lehrbedürfnisse. Will man die letzteren nicht bestreiten, so muß man den Vorschlag wohl annehmen. Durchführbar ist er — etwa in folgender Form. Es werden einzelne Professoren der Landwirtschaftlichen, Technischen und Handels-Hochschulen, Vertreter der Hauptfächer sowohl wie einzelner besonders wichtiger Gebiete, je ein Semester zu einzelnen Universitäten beurlaubt, um dort über ausgewählte Kapitel ihrer Wissenschaft zu lesen. Im Austausch lesen Universitätslehrer an den genannten Hochschulen. Auf diese Weise wird nach einer längeren Reihe von Jahren ein regerer Verkehr und engere Beziehungen zwischen den einzelnen höchsten Bildungsstätten hergestellt sein, von dem die Wissenschaft gewiß eine Förderung erwarten darf. Und so könnten die Lehrkräfte in großem Umfang nutzbar gemacht werden für einen größeren Kreis von Studierenden. Die moderne Technik hat ein Bild, das zur Illustrierung des Vorschlags angeführt werden könnte. In den Maschinenfabriken bearbeitete man von jeher Werkstücke in der Weise, daß man sie zu den Werkzeugmaschinen, die ortsfest waren, hinzubrachte; neuerdings werden die letzteren beweglich mit fahrenden Hebezeugen an die großen, schwer beweglichen Werkstücke herangebracht, um eins nach dem anderen an seinem jeweiligen Standort in Bearbeitung zu nehmen. Professoren sind häufig beweglicher als eine Masse von Studenten;

sollte man aus diesem Grunde nicht auch einmal das Prinzip der neuzeitlichen Werkstattstechnik anwenden? Mit einem solchen Verfahren würden besonders die kleinen Hochschulen ihr Lehrprogramm ohne Berufung von teuren Lehrkräften erweitern können, wie überhaupt die ökonomische Seite für alle Hochschulen von Bedeutung sein könnte. Fahrende Scholaren — reisende Professoren. Auch unter den Hochschullehrern wird mancher mit dem Vorschlag einverstanden sein. Oder nicht?

Der Verwaltungsingenieur.

(Vortrag im Verein Deutscher Ingenieure, Rheingau-Bezirks-
verein Wiesbaden.)

Es ist jetzt ein Jahrhundert her, da war in den
deutschen Staaten der von Frankreich gekommene Gedanke
durchgedrungen, daß die richterliche Gewalt eine von der
vollziehenden wesentlich verschiedene Funktion des Staates
sei und das beide getrennt werden müßten. In der Folge
ist deshalb die Justiz, die bis dahin mit der Verwaltung
verbunden war und durch die gleichen Beamten ausgeübt
wurde, zu einer selbständigen Behörde erhoben worden.
Die Trennung in Rechtspflege einerseits und Verwaltung
anderseits ist in der ersten Hälfte des vorigen Jahrhunderts durchgeführt worden. Wir haben seitdem besondere Justizbehörden und Justizbeamte sowie anderseits die Verwaltungsbehörden mit den Verwaltungsbeamten.

Diese Trennung hat sich — was die Frage der Vorbildung der Beamten betrifft — in eigentümlicher Weise
vollzogen. Bis dahin war — freilich mit großen Ver-
schiedenheiten in den einzelnen Staaten — eine vorwiegend
juristische Vorbildung für diejenigen Beamten, die gleichzeitig Recht sprechen mußten, die Regel. Nachdem eigene
Stellen für die Rechtsprechung geschaffen waren, lag es
nahe — es war eigentlich selbstverständlich — die hierfür
bestimmten Beamten in der Rechtsprechung und die für
die Verwaltung bestimmten Beamten in der Verwaltung

auszubilden und demgemäß ihre wissenschaftliche Vorbereitung nach diesem Gesichtspunkte zu gestalten. Das
ist nicht geschehen. Es ist vielmehr seit jener Zeit und
gleichlaufend mit der allmählich durchgeführten Trennung
ein Rückschritt auch in all den Einrichtungen zu verfolgen,
die vereinzelt ein Jahrhundert vordem schon zum Zwecke
einer akademischen Berufsbildung der Verwaltungsbeamten
begründet waren. Das akademische Studium der Verwaltungsbeamten ist, wie das der Juristen, ein juristisches
geblieben, ja es ist — wo eine Verschiedenheit bestand —
im Laufe des vorigen Jahrhunderts mit dem der zukünftigen Richter und Rechtsanwälte immer mehr zusammengefallen. Zurzeit ist in ganz Deutschland die erste juristische Prüfung, die das juristische Studium abschließt,
der allgemein und allein gültige Beweis wissenschaftlicher
Befähigung für die Richterlaufbahn und zugleich für die
höhere Verwaltung. Diese Entwicklung ist, soviel ich
weiß, in der ganzen Geschichte des Unterrichtswesens
beispiellos geblieben.

Ich habe versucht, für diese zunächst unverständliche
Erscheinung eine einigermaßen befriedigende Erklärung
zu finden, und glaube, daß es im wesentlichen zwei Vorgänge waren, die für die geschilderte Entwicklung wenigstens mitbestimmend waren. Einmal der schon erwähnte
Umstand, daß die Beamten lange Zeit bei einer einheitlichen
juristischen Vorbildung zwei Funktionen, die des Verwaltens
und des Rechtsprechens, ausgeübt haben, und daß man
infolge des Beharrungsvermögens, das jedem Erziehungssystem innewohnt, sich zu Änderungen nicht entschließen
konnte. Die vorerwähnte Trennung ist ja nur allmählich
erfolgt. Die Heranbildung des Nachwuchses erstreckt
sich aber über viele Jahre. Die ersten Beamten nach der
Trennung, welche ausschließlich Verwaltungsfunktionen
ausübten, waren Juristen; sie waren ihren Aufgaben gewachsen und hatten keinen Grund, für die nachwachsende
Generation eine andere Erziehung zu wünschen. Jedenfalls waren es nur vereinzelte Persönlichkeiten, die auf

kommende Mängel in der Vorbildung aufmerksam machen konnten. Der zweite Vorgang greift in die Entwickelungs- geschichte derjenigen Hochschulen, welche im vorigen Jahrhundert neben den Universitäten entstanden sind.

Wenn man den Verwaltungsbeamten eine besondere Berufsbildung geben wollte, die von der der Juristen getrennt werden sollte, so hätte der Unterricht auf der Universität — das war damals noch die einzige Hoch- schule — Disziplinen umfassen müssen, wie sie vereinzelt in dem früher schon entstandenen kameralistischen Studium zusammengefaßt waren: die Mathematik, die Naturwissen- schaften, die Technologie, die Gewerbelehre, Land- und Forstwirtschaft, Nationalökonomie u. a.

Dieser Unterricht bestand an vielen Universitäten und ist bis weit in das vorige Jahrhundert durchgeführt worden. In den Prüfungsordnungen für die Kandidaten der Ver- waltung sind Kenntnisse in diesen Fächern auch wirklich lange Zeit verlangt worden. Mit dem Aufkommen der Polytechnischen Schulen, aus denen die Technischen Hoch- schulen hervorgegangen sind, ließ sich aber der genannte Unterricht an den Universitäten nicht mehr halten. Denn diese Schulen waren ja gerade zur Pflege derjenigen Wissenschaften errichtet worden, die wie die angewandten Naturwissenschaften, die Technik und die darauf begründete Wirtschaftslehre einen wesentlichen Teil des Verwaltungs- studiums hätten bilden müssen.

Infolge der Entwicklung der Polytechnischen Schulen und anderer Akademien für Forstwirtschaft, Landwirtschaft, Bergbau usw. mußten die genannten Wissenszweige an der Hochschule der Verwaltung verkümmern und sind tat- sächlich bis auf kleinere Teile allmählich ganz aus dem Studienplan geschwunden und damit natürlich auch aus den Prüfungsordnungen. Je weiter die Verwaltung sich als selbständiger Beruf entwickelte, je umfangreicher ihr Betätigungsgebiet wurde und je mehr an Kenntnissen von den praktisch tätigen Verwaltungsbeamten verlangt wurde, um so weniger konnte ihnen die Universität bieten. Diese

beiden Vorgänge haben sich in ihrer Wirkung gegenseitig
derartig verstärkt, daß mit jedem Jahrzehnt eine größere
Zahl formal juristisch vorgebildeter Beamten in die Verwaltungsstellen gelangte und gleichzeitig die Abdrängung
der technisch wirtschaftlichen Disziplinen nach den neu
aufkommenden Hochschulen immer stärker wurde. Da aber
die Verwaltungsbeamten nur aus der einen Hochschule
hervorgingen und bis heute nur eine einseitige Vorbildung
erhalten, so war schließlich auch bei den maßgebenden
Stellen, die ja ausschließlich mit ehemaligen Juristen besetzt
sind, das Verständnis für eine anders geartete Vorbildung
vollständig verloren gegangen. Das ist der heutige Zustand, der von allen Seiten beklagt wird — nicht zum
wenigsten von den Verwaltungsbeamten selbst.

Aber auch die neuen Hochschulen und die aus ihnen
hervorgegangenen Akademiker haben alles getan, um dieses
gegenseitige Verstehen und Würdigen zu erschweren.

Um eine Verwaltungtätigkeit ausüben zu können, ist
vor allem anderen ein Verständis der Rechtsordnungen
erforderlich. Die Staatsführung ist ohne juristische Intelligenz unmöglich. Die Verwaltung muß durchsetzt sein
von Beamten, die juristische Schulung erfahren haben,
und es muß außerdem jeder Beamte, welche Stelle er
auch in dem großen Organismus einnimmt, ein Mindestmaß von Kenntnissen des geltenden Rechts erworben
haben. Das war — trotzdem neue Wissenszweige erhöhte
Bedeutung gewonnen hatten — während des ganzen
vorigen Jahrhunderts und erst recht nach der Bildung
konstitutioneller Staaten ein dringendes Bedürfnis. Diesem
Bedürfnis haben die Polytechnischen Schulen nicht Rechnung getragen. Sie haben mit wenigen Ausnahmen erst
ganz spät, zum Teil erst, nachdem sie Hochschulen geworden, die Rechtswissenschaft und die damit zu verbindende philosophisch-historische Lehre in ihren Studienbetrieb aufgenommen. Sie haben jedenfalls einen Teil
ihrer Mission ganz verkannt, sie haben bis in die achtziger Jahre hinein selbst den für den Staatsdienst be-

stimmten Nachwuchs so ausgebildet, als ob diese Beamten keine andere Aufgabe hätten, als zu rechnen, zu zeichnen, zu bauen. Einzelne dieser Beamten sind ohne jegliche Rechtskenntnisse, selbst ohne die elementarsten Begriffe dieser Wissenschaft geblieben. Bei den Prüfungsbestimmungen der preußischen Staatsbaubeamten z. B. ist noch in den siebziger, auch noch in den achtziger Jahren jede historische, juristische oder wirtschaftliche Disziplin ignoriert worden. Von diesen Beamten ist mancher niemals mehr in die Lage gekommen, die Lücken seines Studiums auszufüllen.

R. v. M o h l, ein Schriftsteller der sechziger Jahre (ich habe ihn nochmals zu zitieren), hat den Mangel an Logik gegeißelt, der die Vorbildung der Verwaltungsbeamten durchzieht. Er bespricht die oben erwähnte Trennung von Rechtspflege und Verwaltung und meint, es sei doch eigentlich sinnlos, daß man den Nachwuchs in dem Berufsstand der Verwaltung, der jetzt mit der Rechtsprechung nichts mehr zu tun habe, immer noch so erziehe, als ob es sich um zukünftige Richter handle. „Für die Verwaltung aber," so sagt er, „und namentlich für ihren schwierigsten Zweig, verläßt man sich auf den alten frommen Satz, daß Gott dem, dem er ein Amt gebe, auch den Verstand dazu verleihe, oder überläßt wenigstens dem Bewerber um die einschlägigen Ämter, sich die ihm für passend scheinenden Kenntnisse, wie er kann und wo er kann, zu erwerben." Diese Worte passen auch ganz auf das Verfahren bei der Erziehung der Techniker. Hier handelt es sich doch längst nicht mehr ausschließlich um zukünftige Baumeister. Die von den technischen Hochschulen kommenden Akademiker wären längst berufen gewesen, in der Verwaltung von Staat und Gemeinde direkt und unmittelbar mitzuwirken. Die ganze Entwicklung im Staatsleben und doch auch die Geschichte der neuen Hochschulen zeigte auf diese Aufgabe hin. Aber nirgends war eine Bewegung zu verspüren, die auf eine systematische Vorbildung, auf eine Anpassung an die Berufsauf-

gaben der Verwaltungen, an denen doch auch technisch
vorgebildete Beamte seit langem schon beteiligt waren,
abzielte. Die Techniker haben wohl selbst gelegentlich
darauf hingewiesen, daß die neue Zeit auch überall technische Intelligenz in den Verwaltungsstellen erfordere; sie
sind dann dazu übergegangen, für sich solche Stellen zu
verlangen. Besonders in den Selbstverwaltungen ist dieses
Bestreben lebendig geworden. In den Städten haben die
Vorstände der Stadtbauämter die Mitgliedschaft bei dem
Magistratskollegium verlangt. Dabei handelte es sich aber
nur zu oft um Persönlichkeiten, deren Bedeutung mehr
auf den verschiedenen Fachgebieten der Technik lag, deren
Erfahrung sich auch mehr auf die Herstellung von guten
und schönen Bauwerken erstreckte denn auf die Leitung
einer Verwaltung. Bei sehr vielen im übrigen ausgezeich-
neten Technikern, die in ihrem engeren Berufe Leistungen
aufzuweisen hatten, blieben aber die Lücken, die ihre
Hochschulbildung gelassen, immer offen, und diese Lücken
sind, je enger die betreffenden Beamten mit den Vertretern
der Verwaltungsämter in Brührung kamen, um so deutlicher geworden. Daraus haben die letzteren den naheliegenden Schluß gezogen, daß ein guter Techniker nicht
auch ein guter Verwaltungsbeamter sein müsse, und weiter-
gehend noch, daß das eine das andere ausschließe. Kurz,
so kam eines zum anderen, um einen Antagonismus zu
erzeugen zwischen den juristisch und den technisch Gebildeten, und um weitgehende Mißverständnisse hüben wie
drüben aufkommen zu lassen.

Dieser Zustand bedeutet für die Zukunft unseres
Landes ein schweres Hemmnis, einmal, weil er fortgesetzt
Mißstimmung unter der Beamtenschaft erzeugt, und weil
er anderseits die Staaten nicht dazu kommen läßt, wertvolle Kräfte an richtiger Stelle auszunutzen. Diese Einsicht
führt dazu, einen Weg zu suchen, der das Verständnis
zwischen zwei sich gegenüberstehenden Gruppen an-
bahnt und der vornehmlich auch die technische Intelligenz
für die Verwaltung nutzbar machen könnte. Das kann

durch die Erziehung von Verwaltungsingenieuren erreicht werden.

Die Bezeichnung „Verwaltungsingenieur" ist ein Schlagwort, vielleicht nicht prägant genug, aber doch wohl die kürzeste Beschreibung eines größeren Reformgedankens, wie ich ihn eben angedeutet habe. Das Wort ist vor zehn Jahren von Prof. K a m m e r e r, dem derzeitigen Rektor der Charlottenburger Hochschule, geprägt. Der Reformgedanke aber ist schon ein halbes Jahrhundert älter; der ist schon von dem vorerwähnten R. v. M o h l erwogen worden.

R. v. M o h l war einer der markantesten süddeutschen Universitätsprofessoren, ein erfahrener Lehrer der Staatswissenschaften und ein weitschauender Staatsmann. Er ist auf beiden Betätigungsgebieten anerkannt; ich darf ihn deshalb zitieren und möchte seine Anschauungen etwas umfassender darlegen, weil sie für unser Thema ein besonderes Interesse haben dürften. Ich habe schon vorher erwähnt, wie er es als selbstverständlich bezeichnete, daß der zukünftige Verwaltungsbeamte eine akademische Bildung erhalten müsse, und daß diese, wenn seine spätere Verwaltung gut sein solle, auch gut sein müsse, daß sie vor allem zweckentsprechend und gründlich wissenschaftlich sein müsse. Ich möchte hier einschiebend bemerken, daß wir gut tun, gerade diese letztere Forderung auch heute wieder stärker zu betonen. Denn es kommt — wenn ein Berufsstudium auf einer Hochschule wirklich den hohen Wert haben soll, den wir ihm beimessen — sehr viel darauf an, daß es wissenschaftlich betrieben wird. Die Hochschuljahre haben nach dem Zwange der Mittelschule in erster Linie den Zweck, in freier Umgebung und im Rahmen eines größeren Gebietes, wie es der zukünftige Beruf voraussichtlich erfordert, wissenschaftlich arbeiten zu lernen. Der Student muß es fertig bringen, seiner frei gewählten Wissenschaft Interesse abzugewinnen, er muß sich vertiefen können. Erst wenn er dabei gelernt hat, ein Problem selbständig zu erfassen und es mit den Mitteln der Wissenschaft zu durchdringen, erst dann ist er wissenschaftlich gebildet. Diese Form des Erkennens macht ihn fähig, sich auf gewonnenen Grundlagen jenseits der Hochschule selbständig fortzubilden. Und die eigene selbständige Fortbildung ist in jedem Berufe notwendig.

R. v. M o h l vermißte diese Form der Vorbildung und meinte, der Beruf der Verwaltung, dessen Ausdehnungsfähigkeit er gewiß schon erkannt hat, könne unmöglich in der Jurisprudenz seine einzige Wissenschaft erblicken. Er ist einer der wenigen Männer, die die juristische Schule — so hoch er sie im übrigen schätzt — nicht als die Schule der Verwaltungsbeamten anerkennen wollten. Er meint, wer das wolle, verwechsle die juristische Bildung mit Bildung überhaupt, jedenfalls zeige er eine auf Unwissenheit beruhende Überschätzung der ersteren. An einer Stelle seiner umfangreichen Schriften (im II. Band seiner „Politik", S. 430) sagt er: „Eine einseitige Schätzung der rechtswissenschaftlichen Bildung steht offenbar auf gleicher geistiger Stufe mit der Ansicht der klassischen Philologen, welche nur in ihrem Materiale ein Gesittigungsmittel sehen und auf den ganzen technischen und mathematischen Unterricht herabblicken. Beide Ansichten sind vorsündflutlich und dem Tode verfallen." Das klingt radikal, wenn man bedenkt, daß die Worte 50 Jahre zurückliegen, aber man gewinnt doch den Eindruck, daß der Mann nicht kurzsichtig war. Die bisherige Entwicklung hat ihm hinsichtlich des einen Punktes jedenfalls recht gegeben. Ich glaube, daß er in manchem anderen auch recht hat.

„Alles Pandektenwissen der Welt wird das große Rätsel einer Versorgung und Beherrschung der Proletarier nicht lösen. Mit Pandekten und deutscher Rechtsgeschichte wird die Welt nicht regiert, und überhaupt gibt die ausschließliche Beschäftigung mit positivem Recht dem Geiste des jungen Mannes einen engen Gesichtskreis und eine einseitige Auffassung, welche ihn zu allen anderen Geschäften, als zum Rechtsprechen, verderben." Das sagt ein hochangesehener Universitätslehrer. Man muß in unserer Zeit solche Ansichten ab und zu einmal hören, um sie den Phrasen, die seit Jahrzehnten über den Wert der juristischen Schulung verbreitet worden sind, entgegenstellen zu können.

Was mir die Ansichten dieses Mannes besonders interessant macht, das ist der daraus sich ergebende Gedanke, nun eine Hochschulbildung zu finden, die wirklich als Berufsbildung gelten könnte oder sich zu einer solchen entwickeln könnte. Er sagt: „Ein regelmäßiges und systematisches Studium ist also unter allen Umständen zu verlangen. Für ein solches besteht aber eine dreifache Möglichkeit. Entweder können eigene Anstalten oder die Universitäten oder die polytechnischen Schulen dazu bestimmt und eingerichtet werden. Welches vorzuziehen sei, ist also zu untersuchen." Er erwägt dann die verschiedenen Möglichkeiten und meint hinsichtlich der polytechnischen Schulen: Hier wären die noch fehlenden Disziplinen verhältnismäßig leicht zu schaffen, weil das für die zukünftigen Verwaltungsbeamten Wesentliche eigentlich schon vorhanden sei; er erwähnt als besonders förderlich die Möglichkeit, den Katheterunterricht mit den eigenen Arbeiten des Schülers in Verbindung und in Wechselwirkung bringen zu können. Als besonders wertvoll hebt er hervor, daß hier wirtschaftliche Vorlesungen leicht beschafft werden könnten. „Ein Lehrer der Nationalökonomie — so sagt er — wäre auch vorhanden, der den für den neuen Zweck allerdings sehr erweiterten Unterricht ebenfalls übernehmen könnte. Die auf einer Universität schwer zu beschaffenden enzyklopädischen Vorträge in den privatwirtschaftlichen Vorlesungen wären hier, jedenfalls was die Gewerbe betrifft, leicht und gut zu erlangen, bei einer Ausdehnung der Anstalt auf Forstwissenschaft und Landwirtschaft auch der erforderliche übersichtliche Unterricht in diesen Fächern. Die mit einer polytechnischen Anstalt notwendig verbundenen Sammlungen und Kabinette wären mannigfach belehrend usw." („Politik" II. Bd., S. 445.)

Unter den gewichtigen Gründen, die gegen einen solchen Plan sprächen, nennt er die „Absonderung von den Mittelpunkten des wissenschaftlichen Lebens", die für die zu berufenden Lehrer der „Rechtsfächer" und der „Polizeiwissenschaft" in keinem Falle vorteilhaft sein könne. Er bezweifelt auch, „ob der Umgang der Studierenden mit den auf sehr verschiedenen Stufen der Bildung und des Alters stehenden sonstigen Zöglingen einer Polytechnischen Schule ihnen so zuträglich und für sie so bildend wäre wie der auf der Universität mit den Angehörigen anderer Fakultäten."

„Endlich und hauptsächlich aber ist zu besorgen, daß der ganze Geist und die Richtung einer Polytechnischen Schule, nämlich die unmittelbare Richtung auf das praktische Leben, die Bevorzugung der Anwendung vor der Theorie, des Könnens vor dem Wissen, übertragen werde auch auf die neue zur Bildung der Verwaltungsbeamten bestimmte Abteilung." „Die Verwaltungsbeamten," so sagt er weiter, „sollten durchaus wissenschaftlich gebildete Männer sein, und es müssen in ihnen Ideale ihres Wirkens erweckt werden."

Hier haben wir also zum erstenmal den Gedanken, die neben der Universität aufkommenden Hochschulen für die Vorbildung von Verwaltungsbeamten nutzbar zu machen, denselben Gedanken, der unser heutiges Thema durchzieht. Es schien mir notwendig, darauf hinzuweisen, daß ein Staatsmann schon zu einer Zeit daran gedacht hat, als die Entwicklung dieser neuen Unterrichtsanstalten zu Technischen Hochschulen noch gar nicht vorauszusehen war, zu einer Zeit bereits, als auch die Ziele und Aufgaben der Staatsführung noch andere waren. Gerade das wird man zu beachten haben, wenn man den Mohlschen Gedanken verfolgen will. Dieser Staatsmann stand natürlich unter dem Eindrucke seiner Zeit, die eben den Rechtsstaat hatte entstehen lassen. In dem letzten halben Jahrhundert mit seiner Reichsbildung und der großen Volksvermehrung, mit seinem Übergang zum Industrie- und zum Wirtschaftsstaat, sind aber die Aufgaben, die der Staatsführung gestellt werden, ganz merklich verschoben worden. Was sind heute die treibenden Kräfte in der Politik? Was gibt dem öffentlichen Leben die Impulse, was den Parlamenten, den Regierungen? Es sind in erster Linie wirtschaftliche Momente — nicht ausschließlich — gewiß nicht und auch wohl nicht für immer. Aber das ist doch nicht zu verkennen, daß wir heute mehr denn je Männer brauchen, die die Volksgemeinschaft im Rahmen des Staates bzw. des Reiches zu wirtschaftlichem Gedeihen führen können. Und dazu brauchen diese Männer, oder doch wenigstens eine größere Zahl unserer Führer, zunächst selbst einmal eine wirtschaftliche Schulung. Und diese Schulung muß eine ausgesprochene Richtung auf das praktische Leben haben, sie muß das Können höher schätzen, als das Wissen, sie muß, über die Theorie hinausgehend, zur Anwendung führen.

Was die Mohlschen Anschauungen in der Verwaltung der auf das praktische Leben gerichteten Ziele beherrscht, ist derselbe Geist, der in dem ganzen Erziehungswesen der ersten Hälfte des vorigen Jahrhunderts zu finden ist. Davon konnte sich auch ein Mann wie Mohl nicht frei machen. Vor allem aber ist zu beachten, wie der Unterricht an den Polytechnischen Schulen jener Zeit beschaffen war und wie er betrieben wurde. Heute ist nur noch wenig von jenen Lehrmethoden auf den Technischen Hochschulen anzutreffen. Das ganze Unterrichtssystem ist ein anderes geworden. Aber ein Grundsatz ist doch geblieben: Lehren und Lernen für das praktische Leben. Und das ist gut so.

Das würde auch v. Mohl heute einsehen. Auch davon würde er sich heute überzeugen, daß an Technischen Hochschulen wissenschaftlich gearbeitet wird und daß auch die angewandten Naturwissenschaften in den zukünftigen Verwaltungsbeamten Ideale erwecken können. Wie würde er sich wundern, wenn er sehen könnte, daß die Technischen Hochschulen nicht mehr auf Dörfern liegen. Und als einen sonst ganz unwesentlichen Punkt muß ich in diesem Zusammenhange auch erwähnen, daß Ingenieure auf deutschen Universitäten studieren und promovieren konnten, die wegen mangelnder Maturitas auf unserer Hochschule den Grad eines Diplomingenieurs nicht mehr erlangen konnten. So haben sich die Zeiten geändert.

Ich glaube, man kann annehmen, daß der Mohlsche Gedanke in ernste Erwägung gekommen wäre, wenn die Entwicklung ein halbes Jahrhundert weiter gewesen wäre. Der Vergleich mit England und besonders mit Frankreich, das in seinem technischen Erziehungswesen weit voraus war, könnte eine solche Ansicht unterstützen.

Jetzt sind wir nun soweit, daß bei objektivem Vergleich zwischen den Hochschulen auch nicht mehr das geringste Bedenken gegen den Plan sprechen würde. Er ist alt — nicht von Neuerungssüchtigen ausgeheckt, er stammt von einem bewährten Lehrer der Staatswissenschaften; er hat 50 Jahre abgelagert, er ist ohne jegliche Aufwendungen an Steuermitteln durchzuführen, ohne Organisationsänderungen, allmälich und ohne Überstürzung.

Ein Vorbild für den Umfang des Unterrichts der zukünftigen Verwaltungsbeamten an den technischen Hochschulen könnte vielleicht das Programm bilden, daß wir in Charlottenburg seit 1902 durchgeführt haben und das ähnlich auch an der Danziger Hochschule aufgestellt ist, auch in Hannover; in Aachen wird man es voraussichtlich auch aufstellen. Dieses Programm entspricht einem Bedürfnis, wie es etwa seit zwei Jahrzehnten in der Industrie, bei den größeren wirtschaftlichen Verbänden (zum Teil auch bei den kommunalen Verbänden) aufgetreten ist. Diese Stellen brauchen Ingenieure, die neben einer allgemeinen Fachbildung (vorwiegend gründliche Kenntnis der Energiumsetzung) sich weitergehende Kenntnisse in den Rechtsordnungen und den Wirtschaftswissenschaften erworben haben. Da wirtschaftliche und rechtswissenschaftliche Kenntnisse für alle Maschineningenieure erwünscht waren, so war mit der im Jahre 1902 beginnenden

Reform, die bekanntlich zur Aufhebung der Bauführer-
prüfung führte und an deren Stelle die akademische Diplomprüfung trat, ganz leicht diesem Bedürfnis Rechnung zu
tragen. Es sind eine besondere Studienrichtung und dieser
entsprechend auch besondere Bestimmungen in der damals
erlassenen Prüfungsordnung der Abteilung III für Maschinen-
ingenieurwesen aufgenommen worden; sie haben die Bezeichnung: „für Verwaltungsingenieure" erhalten.

Nachdem erstmalig in einer Landtagsverhandlung von
1900 oder 1901 das Wort „Verwaltungsingenieur" gebraucht
wurde — der Abgeordnete Baurat Daub hat es hier ein-
geführt — ist 1902 dieser Begriff in die Prüfungsordnung
der Technischen Hochschule Charlottenburg aufgenommen
worden.

Die Verwaltungsingenieure hören, wie alle Studierenden
der Abteilung III, vom ersten Semester ihres auf acht
Semester festgesetzten Studiums an die Volkswirtschaftslehre, im 3. Semester folgt Volkswirtschaftspolitik, später
die Finanzwissenschaft und die Einzelgebiete der Wirtschaftswissenschaften, wie die Lehre von den Bank-,
Börsen- und Handelsgeschäften. In zweiter Linie ist ein
übersichtlicher Unterricht in der Rechtswissenschaft eingerichtet. Der Einführung in dieses Wissensgebiet folgen
Unterweisungen im Handelsrecht, im Gewerberecht, im
Patent-, Muster- und Warenzeichenrecht, im Baurecht und
im Arbeiterversicherungsrecht. Und was das Wichtigste
ist, diese Fächer werden auch geprüft. In einer ersten
Prüfung, der Diplomvorprüfung nach dem 4. Semester, wird
Volkswirtschaftslehre geprüft. Es kann kein Kandidat
diese Prüfung mit einer ungenügenden Note in diesem
Fach bestehen. Man vergleiche einmal mit dieser Tatsache, was noch vor wenigen Jahren über die entsprechenden
Anforderungen in der Referendarprüfung, die den Abschluß
des dreijährigen juristischen Studiums bildet, gesagt worden
ist. In der Hauptprüfung endlich werden Finanzwissenschaften sowie Rechts- und Verwaltungskunde geprüft
Der Examinator im Verwaltungsrecht, der auch den Unter-

richt im Staatsrecht übernommen hat, ist dieselbe Persönlichkeit, die die Referendare in Berlin prüft.

Dieser Unterricht ist neben dem allgemein technisch be-
nannten Unterricht nun schon mehrere Jahre durchgeführt,
und man darf heute sagen, er hat sich ohne irgendwelche
Schwierigkeit durchführen lassen. Ich glaube, die Beob-
achtung gemacht zu haben, daß keine Belastung dadurch
aufgetreten ist, daß vielmehr mit solchem Unterricht ein
sehr wohltuendes Gegengewicht gegen die übrigen theoretischen und konstruktiven Ingenieurfächer geschaffen ist.
Gerade dieser Unterricht hat ein großes Interesse bei den
Studierenden gefunden; es unterliegt keinem Zweifel, daß
der Unterricht auch noch auf Philosophie, Geographie und
Geschichte ausgedehnt werden kann. Sprachen sind schon
in der Prüfungsordnung aufgenommen. Seit 1904 geht
kein Diplomingenieur der Abteilung III durch die Hauptprüfung, der nicht französische oder englische Sprachkenntnisse nachgewiesen hätte. Ich darf auch hier auf
einen Vergleich mit der juristischen Prüfung hinweisen
und auf den Mangel, den einmal der Staatssekretär des
Auswärtigen v. Richthofen bei seinen Assessoren
beklagte.

M. H. Ich habe gesagt, dieser Unterricht, wie er in
Charlottenburg und anderen Hochschulen durchgeführt
ist, könnte ein Vorbild werden für einen an zukünftige
Beamte der höheren Verwaltung zu erteilenden Unterricht,
für den vielleicht zweckmäßig auch eine besondere Abteilung an der Hochschule zu errichten wäre — so, wie
es v. Mohl schon erwogen hatte. Der Plan ist sicher
durchführbar, er würde der Staatsführung einen ungemein
wertvollen Nachwuchs sichern, der im Verein mit den
aus der juristischen Prüfung hervorgehenden Anwärtern
der Verwaltungslaufbahn gerade das Element bringen
würde, was unseren Verwaltnngen fehlt: die technische
und wirtschaftliche Intelligenz.

Ich muß nun noch einen zweiten Reformgedanken
hier wenigstens kurz berühren, um die Zielrichtung für die

10*

Vorbildung von Verwaltungsingenieuren deutlicher werden
zu lassen. Ich knüpfe wieder an R. v. Mohl an. Er
hatte erwogen, die ganze Erziehung sämtlicher Verwaltungsbeamten an die Polytechnischen Schulen zu legen.
Das war zu radikal. Es wird selbst für unsere Zeit gewiß genügen, und es wird deshalb richtiger sein, nur einen
Teil der Beamten in der Sphäre des technischen Fort-
schritts studieren zu lassen und den anderen in der juristischen Schule zu belassen. Jedenfalls würde ein solches
Vorgehen den Übergang wesentlich erleichtern und dem
Plan auch da Freunde gewinnen, wo nach Bedenken bestehen sollten. Die Lehre der Rechte muß in dem Unterricht der zukünftigen Verwaltungsbeamten, wie wir gesehen haben, doch immer eine wichtige Grundlage bleiben.
Es ist aber durchaus nicht nötig, den juristischen Unterricht auf der Universität s o w e i t d u r c h z u f ü h r e n u n d
s o i n d i e B r e i t e a u s z u d e h n e n, d a ß d a s g a n z e
S t u d i u m d i e s e r e i n z i g e n W i s s e n s c h a f t g e w i d-
m e t w i r d. Es wäre gewiß durchführbar, nach zwei-
jährigem Studium den Unterricht der zukünftigen Verwaltungsbeamten von dem der zukünftigen Richter zu
trennen und nun das dritte Studienjahr und vielleicht auch
ein neues viertes Studienjahr auf andere Disziplinen — auf
Verwaltungswissenschaften — zu verwenden. Dementsprechend wäre auch die erste juristische Prüfung nach zwei
Richtungen zu zerlegen: für Verwaltungsjuristen die eine,
die andere für Gerichtsjuristen. Solch eine Trennung
wäre für die letzteren besonders erwünscht, weil nur so
die so lange erstrebte Reform des juristischen Studiums,
wie sie für die Rechtspflege geradezu dringend geworden
ist, durchführbar ist. Für die ersteren, die Verwaltungsjuristen, bestände der Gewinn besonders darin, daß eine
wirkliche Berufsbildung ermöglicht würde, die auf die
späteren Erfordernisse der Verwaltung Rücksicht nehmen
könnte. Es könnten, besonders wenn man mit dem einen
oder dem anderen Fach schon im ersten Semester beginnen würde, im Studium neben der Rechtswissenschaft

aufgenommen werden die Wirtschaftswissenschaften in
weiterem Umfange und sodann einzelne Zweige der Naturwissenschaften und der Technik. Von der letzteren
Grundlagen der Bautechnik und ein Gebiet, das etwa
mit „Lehre von der Energieumsetzung" bezeichnet werden
könnte. Der deutsche Kronprinz hat in den letzten Monaten begonnen, dieses Gebiet zu studieren. Ich will auf
den Plan hier nicht näher eingehen; daß er ausführbar ist,
wird nicht bezweifelt werden. Er kommt ja in seiner
Ausführung einer Institution ganz nahe, die sich angeblich
bewährt haben soll — den Kursen für staatswissenschaftliche
Fortbildung, wie sie seit mehreren Jahren in Berlin und
Köln für jüngere Verwaltungsbeamte abgehalten werden.
Der größte Teil des Unterrichts, der hier in diesen
Kursen erteilt wird, ist derselbe, den ich an die Universität verlegt haben möchte — in die Studienzeit der
Verwaltungsbeamten. Und hiermit möchte ich noch-
mals auf den Zweck des akademischen Studiums zurück-
kommen.

Ich bin der Meinung, daß wir in unserm gesamten
Hochschulunterricht immer das eine beachten müssen: der
Student muß Interesse und Liebe zur Wissenschaft erlangen
und er muß die Fähigkeit erwerben, selbständig weiter-
zuarbeiten. Wenn ich recht beobachtet habe — und ich
verlasse mich dabei auch auf das, was die Sachkenner,
Minister und Rechtslehrer der Universitäten gesagt haben —
so ist im juristischen Studium, wie es zurzeit betrieben
wird, dieses Interesse vielfach nicht vorhanden. Es soll
zurzeit kein Studium geben, bei dem soviel gebummelt
wird und bei dem der Unterricht so neben der Hochschule
liegt wie das juristische Studium. Dabei ist die Zahl der
Studierenden seit zehn Jahren fortgesetzt in raschem
Steigen. Eine immer größere Zahl von Studierenden läßt
sich bei den juristischen Fakultäten einschreiben. Wenn
nun trotz dieser wachsenden Frequenz der Einfluß der
Hochschullehre und das wirklich wissenschaftliche Arbeiten,
wie es den Anschein hat, immer geringer wird, so ist

das für unsere Nation ein Schaden, der auf der nächsten Generation schwer lasten muß.

Das geringe Interesse, das die studierende Jugend gerade der Jurisprudenz entgegenbringt, ist darin begründet, daß jetzt an das Bestehen der juristischen Prüfung zu weitgehende Privilegien geknüpft sind, die auch solche Jünger dieser Wissenschaft zuführen, die gar kein Interesse an ihr nehmen können. Bei den juristischen Fakultäten studiert eine große Zahl, die gar nicht Juristen werden wollen, die nur die Rechte erlangen wollen, welche in Deutschland an das Bestehen der Juristenprüfung geknüpft sind. So sind auch Auslassungen zu verstehen wie die folgende:

„Der Beruf der Verwaltungsbeamten ist ein eminent praktischer, auf konkrete Lebensverhältnisse angewandter, und man darf wohl vermuten, daß die jungen Leute, die ihn aus Neigung zu seiner besonderen Art ergreifen und nicht aus anderen Gründen, dies tun, weil sie bewußt oder unbewußt die Fähigkeit besitzen, praktisch gestaltend in die Verhältnisse des Lebens einzugreifen; weil sie mehr praktisch als theoretisch, mehr real als abstrakt veranlagt sind. Und gerade dieser Veranlagung der künftigen Verwaltungsbeamten bietet die juristische Fakultät so gut wie gar nichts." („Tag", 17. März 1906.)

Solche Meinungsäußerungen sind in der Presse in der letzten Zeit wiederholt veröffentlicht worden. Am auffallendsten war die Mitteilung eines Regierungsrats, er bedaure mit vielen seiner Studiengenossen „jede in den Hörsälen zugebrachte Stunde als verlorene Zeit". Auch von einem höheren Verwaltungsbeamten Ihres Regierungsbezirkes ist einmal eine interessante Ansicht bekannt geworden. Nach der „Frankfurter Zeitung" vom 5. Juni vorigen Jahres soll ein Landrat [hier im Kommunallandtag gesagt haben: „Der uns anerzogene juristische Formalismus kann direkt eine Gefahr sein für jeden, der ins Verwaltungsfach übertritt. Das sog. juristische Gefühl gerade ist es, das sich oft und leider meist

erfolgreich dagegen sträubt, praktischen und menschlich zwingenden Gründen nachzugeben." Und daraus
schließt er: „Es scheint daher dringend nötig, daß das
Juristentum in der Verwaltung auf ein Mindestmaß eingeschränkt wird." Wenn man solche Urteile hört — und
sie müssen doch wohl wenigstens zum Teil begründet
sein —, so wird man als feststehend annehmen dürfen,
daß das dreijährige juristische Studium für viele Verwaltungsbeamte seinen Zweck nicht mehr erfüllt; aber nicht
etwa, weil der juristische Unterricht schlecht wäre, sondern weil diejenigen, welche das Studium der Rechtswissenschaften angeblich frei wählen, in Wirklichkeit
nicht frei sind. Sie müssen die Rechte studieren, weil
es keinen anderen Weg gibt, der sie ihren Zielen und
Idealen näher bringt. In diesem Zustande sehe ich eine
Verkümmerung der Lernfreiheit, durch die die wissenschaftliche Schulung stark beeinträchtigt wird, und dadurch gerade wird der Erfolg des jetzigen sogenannten
Berufsstudiums der höheren Verwaltungsbeamten vereitelt.
Es ist deshalb wohl auch nicht ganz richtig, daß man so
wettert über das Bummeln und das Einpaukertum, über
das Stümpertum unter den jungen Juristen und dergleichen
mehr. Damit wird nichts gebessert. Die Erfahrung lehrt,
daß mancher ein guter Verwaltungsbeamter und ein vor-
trefflicher Staatsmann geworden ist, der als Student seiner
Wissenschaft, der Jurisprudenz, kein sonderliches Interesse
entgegengebracht hat.

Will man das juristische Studium wieder heben, so
muß man denjenigen, die mehr real als abstrakt, mehr
praktisch als theoretisch veranlagt sind, andere Wege
weisen.

Wenn man sich die Unterweisungen in den staatswissenschaftlichen Fortbildungkursen ansieht, so erkennt
man leicht, daß das nicht ausschließlich eine Fortbildung
ist, die sich an die auf der Universität gewonnenen Grundlagen anschließt, die Grundlagen müssen vielmehr anderweitig gewonnen sein oder müssen erst hier gelegt werden.

Zum Beweise möchte ich Ihnen einmal Themata aus dem diesjährigen Kursus nennen; die betreffenden Vorlesungen sind unter den Fachvorlesungen aufgeführt.

1. Die Einrichtungen der verschiedenen Kraftmaschinen: Wasserturbinen, Kolbendampfmaschinen, Dampfturbinen und Gaskraftmaschinen.

2. Die Nutzbarmachung größerer Wasserkräfte durch Stauwerkanlagen und Talsperren.

3. Die Einrichtung von Dampfzentralen, die Bedeutung der Dampfturbinen für Landzentralen und Schiffe.

4. Die Bedeutung der Gaskraftmaschinen für die Zentralisation der Kraft; die Hochofengasmaschinen.

5. Angaben über die wirtschaftliche Bedeutung der Kraftzentralen. Beispiele: das Rheinisch - Westfälische Elektrizitätswerk in Essen; Projekte für die Nutzbarmachung der Wasserkräfte in Bayern usw.

Das sind Vorlesungen, die ehemalige Studierende der Rechtswissenschaften, Assessoren und Verwaltungsbeamte hören, nachdem sie bereits mehrere Jahre ihre Berufstätigkeit ausgeübt haben, Vorlesungen zur Fortbildung dieser Beamten.

Wenn die Verwaltungsbeamten jede in den Hörsälen verbrachte Stunde als verlorene Zeit bedauern, so sollte man versuchen, schon auf der Universität ihre Interesse mit denjenigen Materien zu fesseln, die ihnen das Verständnis der später folgenden Fortbildungsfächer erleichtern können, die vielleicht diese Art der Fortbildung ganz überflüssig machen. Und das sind die Naturwissenschaften, die Technik und die Wirtschaftswissenschaften. Ich will Sie nicht aufhalten mit den Vorschlägen, wie dieser Unterricht an der Universität organisiert werden könnte.

Daß auch dieser Vorschlag eigentlich nichts Neues enthält, möchte ich Ihnen aber an den Studienplänen kurz zeigen, wie sie ehedem an Universitäten und anderen hohen Schulen aufgestellt waren. Ich wähle die Ihnen nächstgelegenen Mainz und Bonn.

In Mainz war der Kameralkursus in folgender Weise gedacht[1]:

I. S e m e s t e r. 1. Geographie. 2. Europäische Staaten-geschichte. 3. Recht der Natur. 4. Naturgeschichte, insbesondere die ökonomische; augewandte Mathematik, sonderlich Mechanik. 5. Historie des römischen Rechts mit Antiquitäten.

II. S e m e s t e r. 6. Geschichte vom 15. Jahrhundert bis hierher. 7. Allgemeines Staats- und Völkerrecht. 8. Die römische bürgerliche Rechtsgelehrsamkeit im eingeschränkten Plan. 9. Naturgeschichte fortgesetzt. 10. Angewandte Mathematik fortgesetzt.

III. S e m e s t e r. 11. Deutsche Reichsgeschichte. 12. Allgemeine Statistik. 13. Chemie. 14. Bürgerliche Baukunst.

IV. S e m e s t e r. 15. Deutsches Staatsrecht. 16. Deutsche Statistik. 17. Bürgerliche Baukunst fortgesetzt. 18. Chemie fortgesetzt.

V. S e m e s t e r. 19. Mainzische Staatsgeschichte und Staatsrecht. 20. Landwirtschaft. 21. Forstwissenschaft. 22. Bergwerkskunde. 23. Deutsches Privatrecht.

VI. S e m e s t e r. 24. Mainzisches Privatrecht. 25. Wechselrecht. 26. Technologie. 27. Manufaktur- und Fabrikwissenschaft.

VII. S e m e s t e r. 28. Handlungswissenschaft. 29. Kaufmännische Rechnungsverfassung. 30. Handlungspolitik. 31. Münzwissenschaft. 32. Vieharzneiwissenschaft.

VIII. S e m e s t e r. 33. Polizeiwissenschaft nebst politischer Arithmetik. 34. Kameral- und Finanzwissenschaft. 35. Staatsklugheit. 36. Vieharzneiwissenschaft fortgesetzt. 37. Ökonomische Rechtsgelehrsamkeit.

In Bonn war um dieselbe Zeit, Ende des 18. Jahrhunderts, ein für ein dreijähriges Studium berechneter Plan aufgestellt:

I. H a l b j a h r. 1. Jus naturae. 2. Mathematik, a) Algebra, b) Geometrie, c) Trigonometrie.

---

[1] Stieda, „Die Nationalökonomie als Universitätswissenschaft".

II. Halbjahr. 1. Naturgeschichte. 2. Mathematik, a) Nivellieren und die Anwendung der im Winter gegebenen Teile der Mathematik.

III. Halbjahr. 1. Kameral- und Finanzwissenschaft 2. Mathematik, a) Mechanik, b) Hydraulik. 3. Bürgerliche Baukunst, insoweit sie nötig, ein Gebäude zu beurteilen.

IV. Halbjahr. 1. Kameral- und Finanzwissenschaft. 2. Mathematik, a) die Art, wie ein Anschlag, b) Baurisse und geometrische Pläne zu verfertigen.

V. Halbjahr. 1. Kameral- und Finanzwissenschaft. 2. Statistik.

VI. Halbjahr. 1. Kameral- und Finanzwissenschaft. 2. Mineralogie und Metallurgie.

Hier, wie an mehreren anderen hohen Schulen Deutschlands hat man, wie Sie gesehen haben, die Verbindung des rechtswissenschaftlichen Unterrichts mit dem naturwissenschaftlich wirtschaftlichen für ausführbar gehalten. Heute wäre es an der Zeit, an diese Epoche wieder anzuknüpfen.

Wenn ich einmal einen Beweis für die Richtigkeit dieser Anschauung geben muß, so werde ich nicht unterlassen, darauf hinzuweisen, daß die rheinische Universität das Band bereits wieder geknüpft hat. Ich nannte Ihnen aus dem Bonner Plan — er ist vom Jahre 1786 — als letztes Fach im 6. Semester Mineralogie und Metallurgie. Seit dem Beginn des vorigen Wintersemesters wird an der Bonner Universität von dem ehemaligen Direktor der Dillinger Hüttenwerke ein sehr interessantes Kolleg über das Hüttenwesen und die Eisen- und Stahlindustrie Deutschlands gelesen. Und der Dozent ist zugleich Studierender der Rechtswissenschaften.

Ich schlage also vor, schon an der Universität, eventuell unter Verlängerung des Studiums auf vier Jahre, neben den juristischen Disziplinen auch solche Wissenschaften und Fächer aufzunehmen, die für das Verständnis der neuen Zeit unentbehrlich sind und mit deren Einführung erst eine wirkliche Berufsbildung gewonnen werden kann. Wenn auch im Universitätsstudium der Verwaltungs-

juristen die Technik eine Stelle findet, so muß damit dem
gegenseitigen Verständnis ein Weg gebahnt werden, und
wenn anderseits nun auch Verwaltungsingenieure vorgebildet werden, die weitere Einsicht in die Rechtsordnungen gewinnen, so muß das erreicht werden, was ich
als Hauptziel betrachte: der Staatsführung neben der
juristischen Intelligenz auch einen Nachwuchs zu sichern,
der mit technisch-wirtschaftlicher Einsicht eine kräftige
Initiative in den großen Aufgaben der Zukunft entwickeln
kann.

Aber hierzu ist noch eins notwendig. Mit der theoretisch wissenschaftlichen Schulung auf der Hochschule
allein wird man kein Verwaltungsbeamter. Zu dieser
Schulung muß auch eine längere Übung in den Geschäften
des Verwaltens hinzukommen. Nach der Hochschule die
Praxis! Für die Verwaltungsjuristen ist in dieser Richtung
gesorgt — der frühzeitigen Einführung in die Praxis des
Berufs verdanken sie ihre Erfolge.

Für die Verwaltungsingenieure muß diese
praktische Schule erst geschaffen werden. Die
ersten Schritte sind durch die dankenswerte Anregung des
bayerischen Bezirksvereins unternommen, die ja auch bei
Ihnen freudige Zustimmung gefunden haben. Von der
Ausführung des Gedankens, jungen Verwaltungsingenieuren
eine mehrjährige ernste Übung in den Verwaltungsgeschäften
zu ermöglichen, ist viel zu erwarten. Denn — wie überall
in anderen Berufen — so gilt auch hier das Sprichwort:
Früh übt sich, was ein Meister werden will.

Unter den Technikern ist mancher gewesen, der nach
seiner ganzen Persönlichkeit, seinem Charakter, seiner
Allgemeinbildung und seinen besonderen Eigenschaften
auch zu einem Verwaltungsbeamten wie geschaffen war;
er ist aber der Volksgemeinschaft als Führer in dieser
Tätigkeit verloren gegangen, weil er nicht früh genug die
Gelegenheit gefunden hat, seine Kräfte zu schulen. Wenn
heute eine naturwissenschaftlich-technisch vorgebildete
Persönlichkeit ausnahmsweise Verwaltungsbeamter wird,

so geschieht das meist in späteren Jahren. Und da fällt
es dann manchem oft schwer, sich zurechtzufinden und
es noch einmal zu besonderen Leistungen zu bringen.

In der Beurteilung der Frage, ob der Techniker bzw.
die technische Schulung sich für die Verwaltung eigne,
wird dieser Umstand oft übersehen. Es ist eigentlich
auch schon falsch, die Frage so zu stellen. In dieser
Form ist die Technikerfrage jedenfalls schwer zu lösen.
Man kann doch eigentlich nicht erwarten, daß ein Techniker, der bisher in irgendeiner Fachrichtung auf dem
großen Gebiet der Technik tätig war, und erfolgreich tätig
war, von seinem 40. oder 50. Lebensjahr an in raschem
Wechsel oder auch nur allmählich Verwaltungsbeamter
werden soll. Nehmen wir z. B. die Verwaltung der Staatseisenbahnen oder die Stadtverwaltung. Der Stadtbau-
meister hat 10 oder gar 20 Jahre lang als kunstverständiger
Architekt Hochbauten projektiert und ausgeführt, oder er
hat in der gleichen Zeit große Werke der Bodensanierung
oder Verkehrseinrichtungen geschaffen. — Der kann doch
nicht gleichzeitig auch all die Kenntnisse und die Erfahrungen in der engeren eigentlichen Stadtverwaltung
erworben haben, wie sie etwa ein Magistratsassessor erwirbt,
der in der gleichen Zeit sowohl in der Kleinarbeit des
täglichen Verwaltungsdienstes als auch bei den wichtigeren
Geschäften in allen sonstigen Teilen der Verwaltung, in
der Steuerverwaltung, der Polizeiverwaltung, der Armenverwaltung usw. mitgewirkt oder hier selbständig gearbeitet hat.

Wenn bei der Eisenbahnverwaltung der Baumeister
ein Jahrzehnt in den Werkstätten oder auf den Neubau-
strecken tätig war, oder wenn er lange Zeit nur gerechnet,
gezeichnet und gebaut hat, so kann er sich nicht die
gleiche Erfahrung in denjenigen Arbeiten erworben haben,
die mit dem schönen Wort „administrativ" bezeichnet werden.

Man vergißt nur zu oft, besonders auf Seiten der
Techniker, daß Verwalten auch ein Beruf ist, für
den man die Vorbildung nicht nur auf der Hochschule,

sondern auch im praktischen Dienst erwerben muß. Und
noch ein zweites ist es, was oft übersehen wird. Zu dem
Begriff eines guten Verwaltungsbeamten gehört Vielseitigkeit und Anpassungsfähigkeit, die Fähigkeit, sich auf
vielen oder doch auf mehreren Gebieten zurechtzufinden.
Wie ein Finanzminister von heute morgen Polizeiminister
sein kann, so muß der Personaliendezernent einer Direktion
auch einmal ein Strecken- oder ein Tarif- oder irgendein
anderes Dezernat übernehmen können.

Nach der rheinischen Städteordnung ist der Beigeordnete der gesetzliche Vertreter des Bürgermeisters
in allen Geschäften der Verwaltung; ist die Verwaltung
klein und sind nur wenige Beigeordnete vorhanden, so
ist vom Standpunkte der Gemeinde derjenige Verwaltungsbeamte zu bevorzugen, der die Garantie bietet, sich auf
allen Gebieten einarbeiten zu können.

Wenn also die technische Intelligenz in den Verwaltungen der deutschen Staaten und der Städte und auch bei
den vielen anderen Verbänden und privaten Betrieben für die
Gesamtheit der Volksgemeinschaft besser nutzbar gemacht
werden soll — das ist das höchste Ziel bei den bespro-
chenen Vorschlägen — so muß dahin gewirkt werden,
daß die in der Sphäre des technischen Fortschrittes gebildeten Akademiker sich frühzeitig üben nicht im Bauen
und Konstruieren, sondern im Verwalten.

In der Bezeichnung „Verwaltungsingenieur" soll das
Wort „Ingenieur" die Herkunft, die Art der akademischen
Schulung, festlegen; der Verwaltungsingenieur soll nicht
als Ingenieur in dem bisherigen Sinne des Wortes tätig
sein, sondern als Verwaltungsbeamter; ebenso wie der
Verwaltungsjurist nicht nach seiner juristischen Tätigkeit,
sondern nach der Herkunft aus der juristischen Schule
gekennzeichnet ist. Man braucht die Parallele nur vollkommen durchzuführen, um Bedeutung und Zielbestim-
mung zu erkennen.

Und nun zum Schlusse noch eine Frage, die unsere
jungen Berufsgenossen zuerst stellen werden. Was wird

aus uns Architekten, Bauingenieuren, Maschineninge-
nieuren? Wir kämpfen doch seit langem um größere An-
erkennung, bessere Rangverhältnisse, frühere Anstellung
und dergleichen. Wenn jetzt eine neue Richtung eingeschlagen wird, wenn wieder andere Spezialisten, wenn gar
Ingenieure erster und zweiter Ordnung erzogen werden
sollen, so werden wir nichts von der ganzen Reform haben.

Ich kann bei all diesen Fragen nur auf das Beispiel
der Juristen verweisen. Die Zahl der Studierenden ist
im Wachsen, die Aussichten auf Erreichung einer Lebensstellung sind nicht schlechter geworden, und ihr Ansehen
in unserem Vaterlande hat gewiß darunter nicht gelitten,
daß die überwiegende Zahl aller Landräte und Bürgermeister, Regierungspräsidenten und Minister als Studenten
bei einer juristischen Fakultät eingeschrieben waren. In
50 Jahren wird der Regierungspräsident von Allenstein
vielleicht Dr. juris von Schultze heißen und der von Arns-
berg oder von Düsseldorf vielleicht Dr.-Ing. von Müller.
Sie werden ihren Bezirk ganz gleich verwalten. Der erste
wird seinen Doktortitel mit lateinischen Buchstaben schreiben
und der zweite noch immer mit deutschen; dabei wird sich
der letztere aber auch immer erinnern, daß er auf einer
Technischen Hochschule studiert hat und daß die Ingenieure
seine Kommilitonen waren.

Verwaltungsingenieure.

In diesen Tagen hat man in Deutschland wohl hier
und da einmal nachgedacht, wie es kommt, daß die Diplomaten und die Verwaltungsbeamten anderer Länder Erfolge
aufzuweisen haben, trotzdem sie so ganz anders vorgebildet sind, als unsere Beamten.

Bei uns kann niemand in diese Laufbahn gelangen,
der nicht die erste juristische Prüfung bestanden hat. Wir
bilden uns ein, daß nur das Universitätstudium der Jurisprudenz die Grundlagen einer wissenschaftlichen Schulung
dieser wichtigen Beamten gewähren könne; wir schließen
deshalb jeden Akademiker, der seine Studien nicht auf
einer Universität und nicht in der juristischen Schule
gemacht hat, aus unserer Führerschaft aus. Ein tüchtiger
Mensch, ein fähiger Kopf — ganz gleichgültig, wenn er
nicht zünftig die Rechte studiert und wenn er nicht die
eine Prüfung bestanden hat, wird er zurückgewiesen.
Ernstlich glauben ja unsere Staatsmänner längst nicht mehr
daran, daß der dreijährige Aufenthalt auf einer Hochschule
und die Ablegung der ersten juristischen Prüfung das
Entscheidende für die Befähigung ist. Aber sie halten
doch an dem Phantom fest, weil sie von der Exklusivität
nicht lassen wollen. Der exklusive Ersatz unserer Führerschaft ist Prinzip. Das muß man sich vergegenwärtigen,
wenn man unser Erziehungssystem verstehen will.

Daß an diesem Prinzip festgehalten wird, mag berechtigt sein. Man kann sich auch damit abfinden, daß

die Söhne des Adels bevorzugt werden, daß die Zuge-
hörigkeit zu irgendeiner exklusiven Gesellschaft eine Emp-
fehlung ist, daß der Kandidat eine bestimmte Lebens-
anschauung haben oder einer bestimmten Gesellschaftsklasse
angehören muß. Für alle die geschriebenen und unge-
schriebenen Bestimmungen lassen sich vernünftige Gründe
anführen. Nur eins scheint mir unvernünftig: das ist das
Festhalten an der juristischen Prüfung und· der dadurch
bedingte Ausschluß aller anderen Wissensrichtungen. Die
Vorbildung unserer Diplomaten und der höheren Verwaltungsbeamten ist durch nichts so in Rückstand gekommen, als durch diese veraltete Bestimmung. Diese
Bestimmung hat eine geradezu lähmende Einseitigkeit in
die Staatsleitung gebracht, die um so fühlbarer wird, je
mehr wir mit anderen Nationen in Berührung kommen und
je mehr unsere Beamten sich daheim und draußen im
Wettkampf mit Persönlichkeiten anderer Intelligenz zu
messen haben. Ob unter den Vertretern unserer Interessen die Bürgerlichen oder die Adeligen vorherrschen,
ob sie Finken oder Korpsburschen waren, ob hier eine
feudalere oder dort eine liberalere Gesinnung den Ton
gibt — wenn die Regierung nur überall über das Wissen
und Können verfügt, das heute entscheidet. Aber gerade
in diesem Punkte sind wir auf weiter Linie anderen Nationen unterlegen — weil wir die Exklusivität auch für die
wissenschaftliche Vorbildung der Beamten beibehalten
haben. Fürst Bülow soll erkannt haben (vergleiche Ge-
spräche in Norderney), daß seit einiger Zeit die fähigsten
Köpfe sich dem Heere und der Industrie zuwenden; das
heißt doch, daß auch unter dem jungen Nachwuchs, der
auf Technischen Hochschulen studiert, geistige Befähigung in höherem Grade zu finden sein wird. Die Beob-
achtung ist richtig. Liegt es da nicht sehr nahe, die Auslese der „Tüchtigsten" auch auf die Akademiker auszu-
dehnen, die von diesen Hochschulen kommen? Sollte
man nicht überhaupt das Monopol der Juristenschule
streichen und die fähigsten Köpfe da nehmen, wo man

sie findet? Andere Nationen machen das so. Warum
sollen wir dauernd Schaden leiden nur des Prinzips willen?
Diesen Schaden abzuwenden ist ein Beschluß geeignet,
den kürzlich der Verein Deutscher Ingenieure auf seiner
Tagung in Dresden gefaßt hat. In der Leitung dieses
bedeutenden Vereins (er zählt 22 000 Mitglieder, unter
ihnen die besten Namen der technischen Intelligenz
Deutschlands) ist die Überzeugung durchgedrungen, daß
die Zeit gekommen ist, wo auch wissenschaftlich gebildete
Ingenieure nach einer besonderen Vorbereitung in weiterem Umfange sich an den Verwaltungsaufgaben von Staat
und Gemeinde beteiligen müssen. Der Überzeugung ist
aber nicht etwa dahingehend Ausdruck gegeben worden,
daß für die von den Technischen Hochschulen kommenden Akademiker Rechte verlangt werden; es wird vielmehr zuerst für die Technischen Hochschulen die Pflicht
festgestellt, an der wissenschaftlichen Vorbildung von
Verwaltungsbeamten mitzuwirken, und es wird weiter die
Notwendigkeit anerkannt, die Vorbereitung und Schulung
zu den Verwaltungsaufgaben nach dem Hochschulstudium
fortzusetzen. Die Vereinsleitung will deshalb bei den Regierungen der deutschen Staaten die Anregung geben,
besonders geeigneten und auf ihrer Hochschule zweckmäßig vorgebildeten Ingenieuren (Verwaltungsingenieuren)
die gleiche praktische Ausbildung zu gewähren, wie sie
bisher nur den aus der juristischen Schule kommenden
jungen Leuten gewährt wurde. Diese praktische Ausbildung von Verwaltungsingenieuren ist so gedacht, daß
die für den Beruf der Verwaltung besonders befähigten
Studenten während ihres Studiums der Ingenieurwissenschaften eine weitgehende Beschäftigung mit Staatswissenschaften verbinden (die Möglichkeit ist seit langem schon
erwiesen). Sie legen nach vierjährigem Studium eine
akademische Prüfung ab und treten unmittelbar nach dem
Studium in die mehrjährige praktische Vorbereitungszeit
bei Selbstverwaltungen und bei den unteren Verwaltungsstellen des Staates (Landratsamt, Bezirksregierung) ein.

Zur Aufnahme der Verwaltungsingenieure in der Stadtverwaltung hat sich bereits eine größere Anzahl von Ober-
bürgermeistern bereit erklärt; die gleiche Bereitwilligkeit
von der Staatsverwaltung zu erlangen, wird nunmehr Aufgabe der Vereinsleitung sein.

Die praktische Tätigkeit bei den staatlichen Verwaltungsstellen (sie wird auf etwa zwei Jahre zu bemessen
sein) ist von besonderer Wichtigkeit, weil sie eine unentbehrliche Schule ist; hier erschließt sich dem Anfänger
das weiteste Feld; hier ist das Vorbild für viele andere
Verwaltungen zu studieren. Sie ist es auch, welche über
die Brauchbarkeit im Verwaltungsberufe entscheidet. Wir
haben uns zwar gewöhnt (schon länger als ein Jahrhundert), in dem juristischen Universitätsstudium die wichtigste Grundlage für diesen Beruf zu erblicken. Ein
Trugbild! Das Studium macht den Verwaltungsbeamten
nicht; die Entscheidung liegt in der darauffolgenden Zeit.
Nicht, weil sie die Rechte — und nur diese — studiert
haben, sind die „Juristen" die besten Verwaltungsbeamten,
sondern weil Deutschland den anderen Akademikern keine
Möglichkeit läßt, ihre Befähigung nachzuweisen. Der
Dresdener Beschluß wird weder eine deutsche Regierung
noch ein Parlament vom alten Wege abbringen. R. v. Mohl
sagte vor 50 Jahren: „Aber das schlimmste ist eben, daß
diejenigen, welche zu entscheiden haben, selbst in der
herkömmlichen Weise gebildet worden sind und diese
nicht als eine ungenügende betrachten." Das Vorurteil,
das damals schon groß war, ist heute mächtiger denn je.
Und doch — nun wird es überwunden werden.
Die deutschen Ingenieure werden von ihrer Forderung
nicht mehr Abstand nehmen. Und eine Forderung, die sich
auf die Erfüllung schwerer Pflichten stützt, ist auf die
Dauer nicht abzulehnen.

www.ingramcontent.com/pod-product-compliance
Lightning Source LLC
Chambersburg PA
CBHW031443180326
41458CB00002B/631